犀牛Rhino 7.12

产品设计

刘静 倪琼 刘昊 张青 主编

中文全彩铂金版案例教程

U0245050

中国青年出版社

图书在版编目（CIP）数据

犀牛Rhino 7.12产品设计中文全彩铂金版案例教程/刘静等主编. — 北京：中国青年出版社，2023.2
ISBN 978-7-5153-6858-0

I.①犀…　II.①刘…　III.①产品设计—计算机辅助设计—应用软件—教材
IV.①TB472-39

中国版本图书馆CIP数据核字（2022）第250336号

策划编辑：张鹏
执行编辑：张沣
责任编辑：张君娜
封面设计：乌兰

犀牛Rhino 7.12产品设计中文全彩铂金版案例教程
主　编：刘静 倪琼 刘昊 张青

出版发行：中国青年出版社
地　址：北京市东城区东四十二条21号
网　址：www.cyp.com.cn
电　话：（010）59231565
传　真：（010）59231381
企　划：北京中青雄狮数码传媒科技有限公司
印　刷：河北景丰印刷有限公司
开　本：787 x 1092　1/16
印　张：15
字　数：442千字
版　次：2023年2月北京第1版
印　次：2023年2月第1次印刷
书　号：ISBN 978-7-5153-6858-0
定　价：69.90元（附赠超值资料，含配套教学视频+案例素材文件+PPT课件+海量实用资源）

本书如有印装质量等问题，请与本社联系　电话：（010）59231565
读者来信：reader@cypmedia.com　投稿邮箱：author@cypmedia.com
如有其他问题请访问我们的网站：http://www.cypmedia.com

前言

首先，感谢您选择并阅读本书。

软件简介

Rhino全称为Rhinoceros，中文名称为犀牛，是美国Robert McNeel&Assoc开发的一款功能强大的专业三维建模软件，易学好用，不但能够快速表现设计方案，而且能够准确导入三维造型、工程设计、平面设计和渲染动画等软件中，深受广大设计师的喜爱，广泛应用于珠宝首饰设计、建筑设计、工业产品设计、CG设计等领域。目前，我国很多工业设计院校和培训机构都将Rhino建模作为一门重要的专业课程。

内容提要

本书以理论知识结合实际案例操作的方式编写，分为基础知识和综合案例两个部分。

基础知识篇共7章，对Rhino软件的基础知识和功能应用进行了全面介绍，包括软件的入门知识、曲线的绘制和编辑、曲面建模的方法、实体建模的方法、网格建模的方法、细分建模的方法以及模型的渲染等。在介绍软件各个功能的同时，会根据所介绍功能的重要程度和使用频率，以具体案例的形式，拓展读者的实际操作能力。每章内容学习完成后，还会有具体的案例来对本章所学内容进行综合应用，使读者可以快速熟悉软件功能和设计思路。通过课后练习的内容，读者对所学知识进行巩固加深。

综合案例篇共2章，主要通过制作电钻模型和智能手机模型的操作和渲染过程，对Rhino常用的重点知识进行精讲和操作，有针对性、代表性和侧重点。通过对这些实用性案例的学习，读者真正达到学以致用。

为了帮助读者更加直观地学习本书，随书附赠的光盘中不但包括了书中全部案例的素材文件，方便读者更高效地学习，还配备了所有案例的多媒体有声视频教学录像，详细地展示了各个案例效果的实现过程，扫除初学者对新软件的陌生感。读者也可以扫描相应案例旁的二维码，随时随地观看视频讲解。

适用读者群体

本书既可作为了解Rhino各项功能和最新特性的应用指南，也可作为提高用户设计和创新能力的指导书，适用读者群体如下。

- 各高等院校刚刚接触Rhino的莘莘学子。
- 大中专院校相关专业及培训班学员。
- 从事产品设计和制作相关工作的设计师。
- 对Rhino三维建模制作感兴趣的读者。

本书在写作过程中力求谨慎，但因时间和精力有限，不足之处在所难免，敬请广大读者批评指正。

编　者

* 本书中所有涉及软件界面截图，均截取自相应版本软件实际使用过程中显示的操作界面。

目录

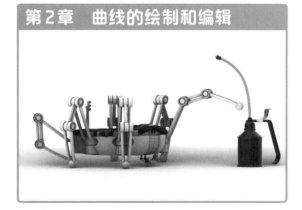

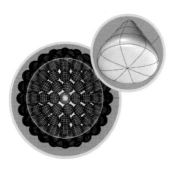

第4章 实体建模

第5章 网格建模

第6章　细分建模

第7章　KeyShot 11渲染器

第二部分 综合案例篇

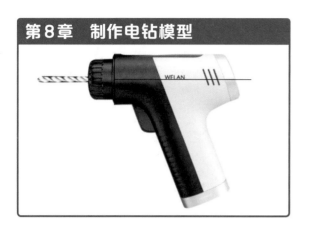

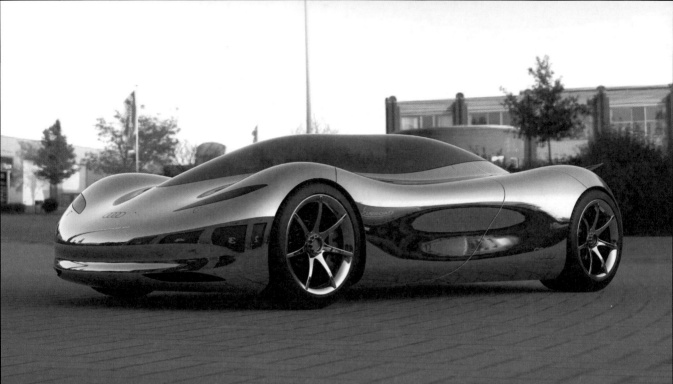

第一部分
基础知识篇

基础知识篇共7章，主要对Rhino 7软件的基础知识和功能应用进行全面介绍，包括软件的入门、曲线的绘制和编辑、曲面建模、实体建模、网格建模、细分建模及KeyShot 11渲染器应用等，在学习软件同时，结合上机实训的练习，让读者全面掌握使用Rhino进行建模的思路和方法。

第1章 Rhino 7入门

本章概述

本章将对Rhino 7软件的基本应用进行介绍，带领读者初步了解Rhino 7的应用领域、工作界面组成、工作环境、基本操作等，并对Rhino 7的新功能进行探索。

核心知识点

❶ 了解Rhino 7的应用领域
❷ 熟悉Rhino 7工作界面的组成
❸ 掌握Rhino 7的基本操作
❹ 了解Rhino 7的新功能

1.1 认识Rhino 7

Rhino全称为Rhinoceros，也称"犀牛"，是由Robert McNeel & Associates公司研发的一套功能强大的专业3D造型软件，被广泛应用于工业设计、珠宝设计、交通工具设计、分析评估、玩具设计与建筑设计等诸多领域。

该软件在工业设计上的应用，如右图所示。在珠宝设计上的应用，如下左图所示。在交通工具上的设计应用，如下右图所示。

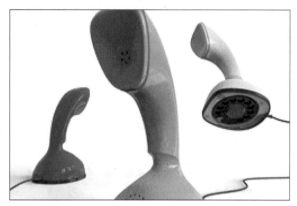

在分析评估上的应用，如下左图所示。在玩具设计上的应用，如下中图所示。在建筑设计上的应用，如下右图所示。

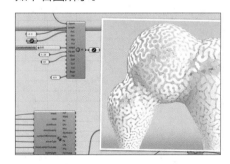

1.2 了解Rhino建模的核心理念

Rhino是一款占用内存相对较少的三维建模软件，对计算机的配置要求也不高，其操作界面简洁，运行速度快，建模功能强大，能够快速表现设计师的设计概念。同时，Rhino支持导入或者导出step、obj、igs、dwg、dxf、x_t、3dm等不同格式的文件，几乎可以与市面上所有三维软件完成对接。

Rhino的建模核心是NURBS曲面技术，要了解这一建模理念，首先要明白什么是NURBS。

（1）什么是NURBS

NURBS是Non-Uniform Rational B-Spline的缩写，译为"非均匀有理B样条曲线"，是指以数学的方式精确地描述所有造型（从简单的2D线到复杂的3D有机自由曲面与实体）。由于它的灵活性与精确性，NURBS 曲线常用于计算机辅助设计（CAD）、计算机辅助制造（CAM）和计算机辅助工程（CAE）。它们是众多行业标准的一部分，例如IES、STEP、ACIS和PHIGS。用于创建和编辑NURBS 曲面的工具可在各种3D图形和动画软件包中找到。Rhino以NURBS呈现的曲线及曲面，如下左图所示。

（2）多边形网格

在Rhino中着色或者渲染NURBS曲面时，曲面会先转换为多边形网格。Rhino的多边形网格是由若干多边形和定义多边形的定点集合，包含三角形和四边形，多边形网格的一个主要优点是处理速度快，而且许多三维软件都使用具有三维多边形网格数据的格式来表示几何体，这为Rhino与其他软件之间的数据交换创造了条件，如下中图所示。

（3）什么是Sub-D（细分几何图形）

对于需要快速探索自由造型形状的设计师来说，Sub-D是一种新的几何类型，它可以创建可编辑的、高精度的形状。与其他几何类型不同，Sub-D在保持自由造型精确度的同时还可以进行快速编辑，使精确、有机的建模变得更加容易，可以通过推、拉的方式实时探索复杂的自由造型曲面。Sub-D物件具有很高的精确度，可以直接转换为可加工的实体，还可以将扫描或网格数据转换为Sub-D物件，然后转换为NURBS物件。传统上，Sub-D对象是基于网格的，并且更适合近似类型的建模，例如角色建模和创建平滑的有机形式。Rhino Sub-D对象是基于样条的高精度曲面，因此在创建复杂的自由形状的过程中引入了一定程度的精度，如下右图所示。

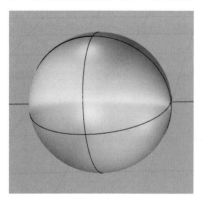 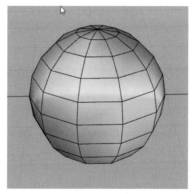 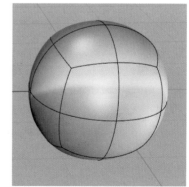

1.3 Rhino的工作界面

本节将介绍Rhino 7的工作界面。Rhino 7的工作界面由标题栏、菜单栏、命令行、工具栏、工作视窗、图形面板以及状态栏等构成，如下图所示。

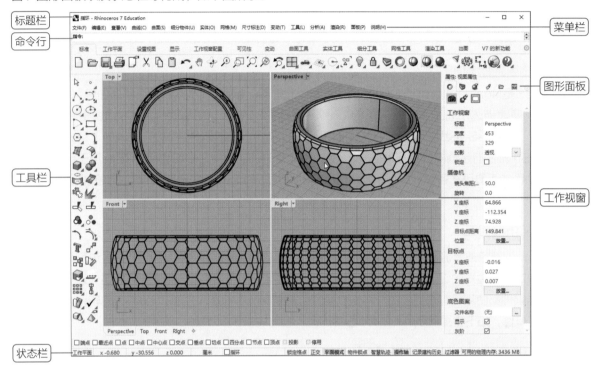

1.3.1 标题栏

标题栏位于界面的最顶部，主要显示了软件图标、当前使用文件的名称（如果当前使用的文件还没有命名，则显示为"未命名"）以及软件版本等信息，如下图所示。

1.3.2 菜单栏

菜单栏位于标题栏下方，包含"文件""编辑""查看""曲线""曲面""细分物件""实体""网格""尺寸标注""变动""工具""分析""渲染""面板"和"说明"，共15个主菜单，如下图所示。

1.3.3 命令行

Rhino 7拥有和AutoCAD相似的命令行，主要分为"历史命令区"和"命令行"两个部分，在命令行中可以输入命令来执行操作，完成的操作过程将被记录并显示在历史命令区中，如下图所示。

1.3.4 工具栏

Rhino的工具栏分为"主工具栏"和"侧工具栏"两个部分，如下图所示。

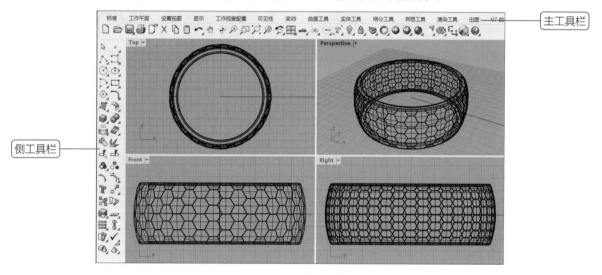

主工具栏依据不同的使用功能集成了"标准""工作平面""设置视图""显示""工作视窗配置""可见性""变动""曲面工具""实体工具""细分工具""网格工具""渲染工具""出图"和"V7的新功能"等选项卡。不同的选项卡所提供的工具各不相同，甚至会改变侧工具栏的工具，下图为"网格工具"选项卡的工具栏。

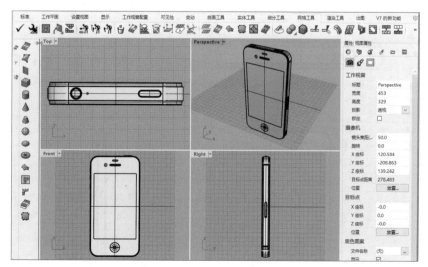

由于Rhino的工具栏几乎包含了所有工具,因此具有以下特点。

- 主工具栏和侧工具栏都可以调整为浮动工具面板,也可以停靠在界面的任意位置,如下左图所示。
- 主工具栏中的每个选项卡都可以作为单独的工具面板,如下右图所示。

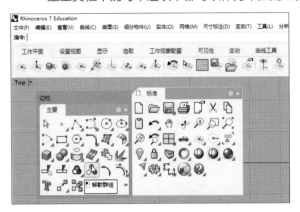
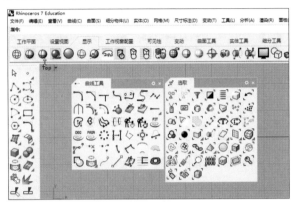

- 某些工具的右下角带有三角形图标,这表示该工具包含拓展工具面板,如右图所示。

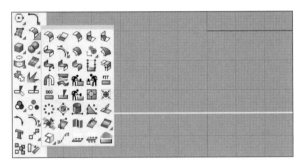

1.3.5 工作视窗

工作视窗是Rhino中用于工作的实际区域,占据了界面的大部分空间。默认打开的Rhino 7显示的四个视窗分别为Top(顶视窗)、Front(前视窗)、Right(右视窗)和Perspective(透视视窗),如下图所示。

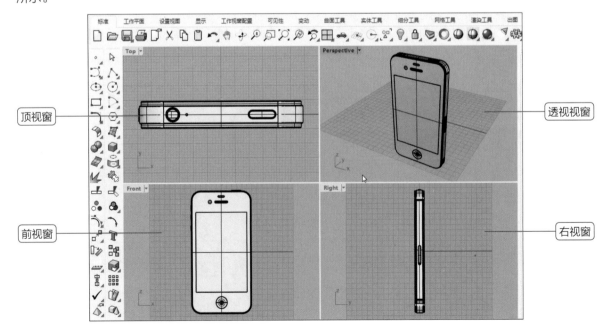

　　用户一次只能激活一个视窗，当视窗被激活时，位于视窗左上角的标签会以高亮显示。双击视窗标签时，该视窗会显示最大化；将光标放在4个视窗的交界处，可以调节四个视窗的比例大小。如下图所示。

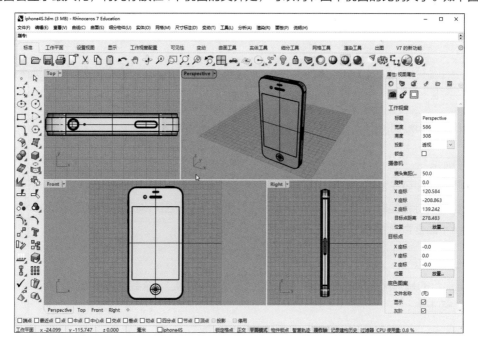

　　在使用Rhino建模时，通常将多个视窗同时配合使用，无论在哪个视窗操作，所有视窗都会即时刷新图像，以便能在每个视窗中观察到模型的情况。视窗之间的切换比较简单，只需在需要工作视窗内单击鼠标左键，即可激活该视窗。

1.3.6　图形面板

　　图形面板是Rhino为了便于用户操作设置的一个区域，默认情况下提供了"属性""图层""渲染""材质""材质库"和"说明"6个面板。"材质"面板和Rhino主工具栏一样，图形面板中各选项卡也可以浮动于界面的任何位置，如下图所示。

1.3.7 状态栏

状态栏位于整个界面的最下方，主要显示了一些系统操作时的信息，如下图所示。

下面对状态栏中常用选项的应用和含义进行介绍，具体如下。

（1）坐标系统

单击该图标，即可在世界坐标系和工作平面坐标系之间切换，用于右侧光标状态显示所基于的坐标系统。其中，世界坐标系是唯一的，工作平面坐标系是根据各个视图来确定的，水平向右为x轴，垂直向上为y轴，与xy平面垂直的为z轴。

（2）光标状态

3个数据显示的是当前光标的坐标值，用x、y、z表示。最后一个数据表示当前光标定位与上一个光标定位之间的间距值。

（3）单位提示

当前文件模型的单位。

（4）图层提示

单击该图标，将弹出图层快捷编辑面板，用户可以快捷地进行图层的切换和编辑等工作。

（5）辅助建模功能

在状态栏的右侧提供了一系列辅助建模功能，包括"锁定格点""正交""平面模式""物件锁点""智慧轨迹""操作轴""记录建构历史""过滤器"以及绝对公差提示和CPU使用量提示等功能。当这些辅助功能处于启用状态时，其按钮颜色将高亮显示。若处于禁用状态时，则以灰色显示。在执行某个命令时，在状态栏中将显示与该命令相关的介绍，如右图所示。

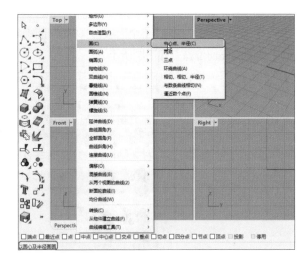

辅助建模各功能的含义和应用介绍如下。

- **锁定格点：** 选中该选项后，光标只能在格点上移动。
- **正交：** 选中该选项后，光标只能在指定的角度上移动，默认角度为90°。
- **平面模式：** 开启平面模式后，光标只能在上一个指定点所在的平面上移动，以便于曲面创建时，平面建面操作。

- **物件锁点**：开启物件锁点模式后，将光标移动至某个可以锁定的点（例如，端点、中点、交点等）附近时，光标会自动吸附至该点。
- **智慧轨迹**：当用户需要在不同的平面画线时可以开启，智慧轨迹是点在垂直和水平方向的辅助线。
- **操作轴**：选中该选项后，选中物体会显示一个操作轴，可以快速对选中物体进行系统旋转命令。
- **记录建构历史**：该选项可以记录命令的建构历史，但不是所有的命令都支持该选项。

1.4 设置Rhino 7的工作环境

Rhino 7默认提供的工作环境可以适用于绝大多数的建模工作，但不同的用户可能会有一些不同的需求，例如有的用户可能需要以"分米"或者"十米"为建模单位，通过模板文件显然无法达到要求。这时可以打开"文件属性"对话框，在"单位"选项区域中进行设置，如右图所示。

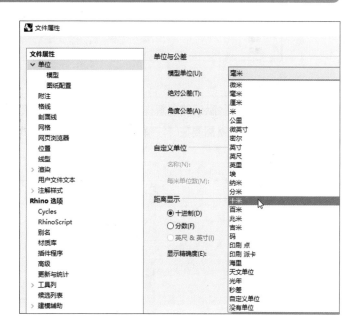

1.4.1 打开工作环境设置对话框

打开"文件属性"和"Rhino选项"对话框有多种方法，常用方法是单击"标准"工具栏下的文件属性/选项工具，或者单击"标准"工具栏下的"选项"工具，如下图所示。需要注意的是，左键单击"标准"工具栏下的"文件属性/选项"工具，打开的是"文件属性"对话框。而右键单击该工具打开的则是"Rhino选项"对话框，这两个对话框除了名称不同，其他没什么区别。

在Rhino 7的菜单中有多个命令，也可以打开"文件属性"对话框，例如执行"文件>文件属性"菜单命令等，由于方法多样，这里就不一一列举了。

1.4.2 文件属性设置

在"Rhino选项"对话框的"文件属性"选项区域中，用户可以根据需要对文件的单位、格线、剖面线、渲染等进行设置。

（1）网格设置

在Rhino中着色或渲染NURBS曲面时，曲面会先转化成多边形网格，如果不满意预设的着色和渲染质量，可以通过"网格"面板中的参数来进行设置，如下图所示。

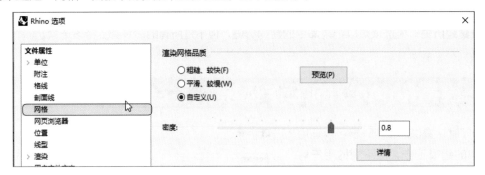

（2）注解样式

在Rhino中，有些默认的注解样式和文字高度，在实际观察中单位的样式不是自己需要的或者单位字体比较小，这时我们就需要在"注解样式"面板中进行样式的选择和参数调整，如下图所示。

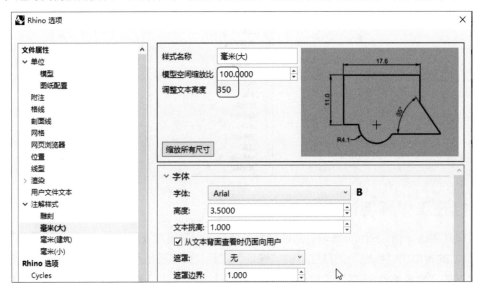

1.4.3　Rhino的选项设置

在"Rhino选项"对话框的选项列表中，用户可以根据需要对Rhino的工具列、建模辅助、视图、鼠标、外观、文件等进行设置。

在平时的建模中或多或少都会遇到一些突发事件，例如突然停电或者计算机死机等情况出现导致数据丢失，如果在"文件"选项面板中设置文件的自动保存时间，这样再次开机后我们可以从"自动保存文件"路径下找到原文件，如下页左图所示。

在"一般"选项面板中设置"最大使用内存（MB）（X）"为2048，用以增加建模的可操作性，如下页右图所示。最后单击"确定"按钮完成设置。

1.5　Rhino的文件管理

介绍了设置Rhino 7的工作环境后，本小节我们将对Rhino 7的文件管理基本操作进行介绍，包括文件的新建、打开、保存、导入和导出等。

1.5.1　新建文件

打开Rhino 7软件后，系统一般会默认新建一个空白文件。用户也可以根据自己的需要新建文件，常用的新建文件的方法是单击"标准"工具栏下的"新建文件"工具，如下图所示。

用户也可以选择"文件"菜单下的"新建"命令进行创建，如右图所示。或执行Ctrl+N组合键来进行文件的新建。还有许多种新建文件的方法，读者可自行摸索，这里就不一一列举了。

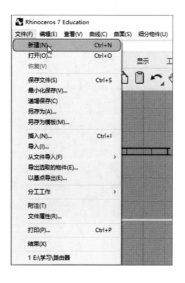

执行新建文件命令后，系统会自动弹出"打开模板文件"对话框，选择所需要的文件单位及大小的模板，然后单击"打开"按钮，完成新建文件操作，如右图所示。

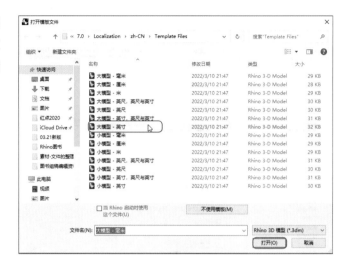

1.5.2　打开文件

跟打开其他软件一样，Rhino保存文件的一般格式会有一个 Rhino软件的小图标，我们可以直接双击图标，打开文件。

常用的打开文件的方法还有单击"标准"工具栏下的"打开文件"工具，如下图所示。

或者在"文件"菜单中执行"打开"命令，如下左图所示。我们也可以通过快捷键Ctrl+O来打开文件。打开文件有许多种方法，这里就不一一列举了。

执行文件打开命令后，系统会自动弹出"打开"对话框，我们选择需要打开的文件，然后单击"打开"按钮，打开文件，如下右图所示。

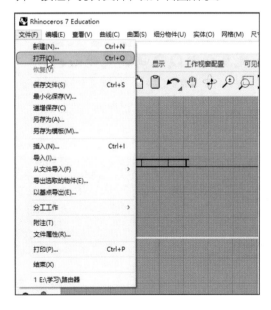

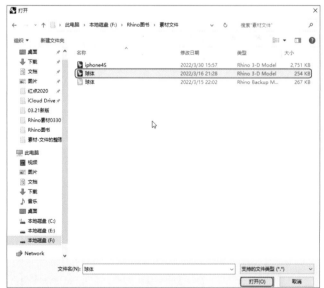

1.5.3 保存文件

模型创建完成后，为了避免不必要的损失，用户需要及时进行文件保存。常用的保存文件的方法是单击"标准"工具栏下的"储存文件"工具，如下图所示。

或者选择"文件"菜单下的"保存文件"命令，如下左图所示。我们也可以通过按下Ctrl+S组合键来保存文件。另外我们还可以通过执行"文件"菜单下的"另存为"命令保存文件，如下右图所示。

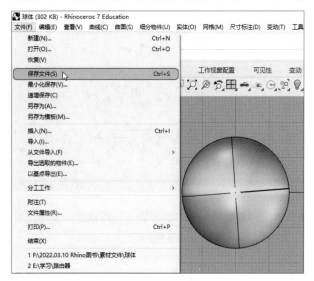 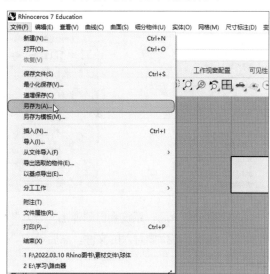

执行文件保存命令后，系统会自动弹出"储存"对话框，我们选择需要保存文件的位置，输入保存文件的名称，然后单击"保存"按钮，保存文件，如右图所示。

提示：单击"关闭"按钮选择保存文件

在文件编辑完成后，若直接单击工作窗口右上角的"关闭"按钮，系统将自动弹出对话框提示用户保存文件，单击"是"按钮，然后根据需要选择储存位置，输入文件名称后，单击"保存"按钮。

1.5.4 导入文件

在运行Rhino 7软件的过程中，用户有时需要打开非Rhino软件保存的文件格式，这时就需要导入文件，进行模型的修改查看。Rhino 7支持兼容性的文件格式，如右图所示。

.3dm .3ds .sat .ai .amf **.dwg** .dxf .cd .iges **.sat .dgn** .m **.pdf** .ply **.sldprt** .x .pts **.svg** .dae **.skp .stl .step** .stp **.obj** .rib .xgl .x_t .zpr **.fbx**

导入文件的方法比较简单，执行"文件"菜单下的"导入"命令，如下左图所示。或者右键单击"标准"工具栏中的"打开文件"工具，如下右图所示。

 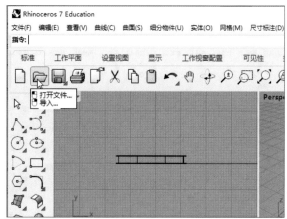

选择相应命令后，系统会自动弹出"导入"对话框，选择需要导入文件的位置，一般选择"支持的文件类型"选项，选择要导入的文件，然后单击"打开"按钮，导入文件，如下图所示。

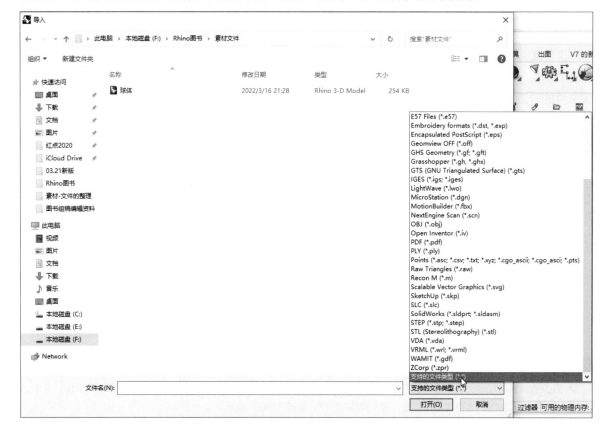

1.5.5 导出文件

用户可以执行"文件"菜单下的"导出选取的物件"命令，来导出文件，如下左图所示。或者右键单击"标准"工具栏中的"储存文件"工具按钮来执行文件导出操作，如下右图所示。

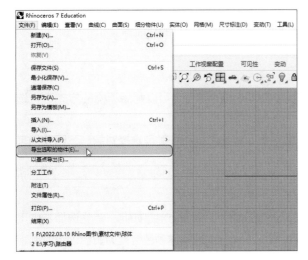
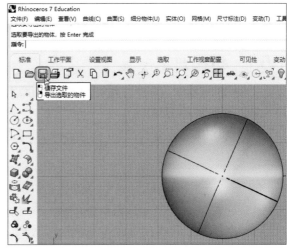

执行相应的文件导出操作后，系统会提示我们选择需要导出的物体，选择并按回车键。系统自动弹出"导出"对话框，选择需要导出文件的位置和导出格式，输入文件名，然后单击"保存"按钮，导出文件，如下图所示。

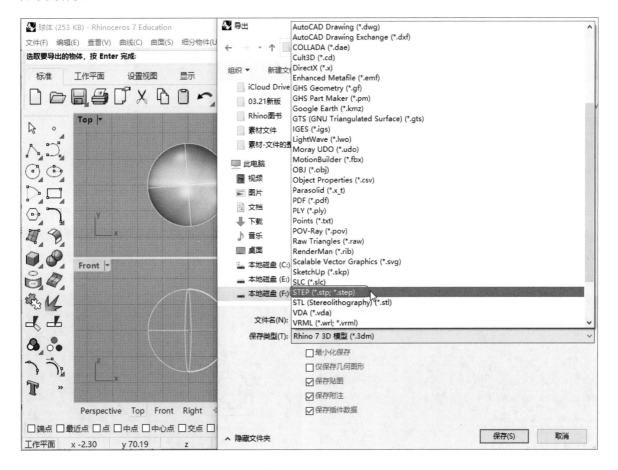

1.6 Rhino的基本操作

这节我们来学习Rhino软件的一些基本操作，Rhino建模中我们一般选择的对象包括点、曲线、曲面、实体、网格曲面、细分曲面等。关于对象的基本操作有：选择对象、群组与解散群组、移动对象、复制对象、旋转对象、镜像对象、缩放对象、阵列对象、隐藏和显示对象、尺寸的标注等。

1.6.1 选择对象

在建模的过程中，选择对象是比较常见的操作，依据物体不同的属性，可以利用不同的方式进行选择，来提升我们的建模速度。

在Rhino中选择对象的方式一般有三种，分别为点选对象、框选对象和按类型选择对象，下面我们来分别进行介绍。

（1）点选对象

大部分三维软件中，使用鼠标左键单击一个物体即可选中该物体，Rhino也是如此。首先选择左侧工具栏中的选择工具，然后左键单击需要选择的对象，默认情况下被选中的物体颜色会变为黄色以示区别，如下图所示。

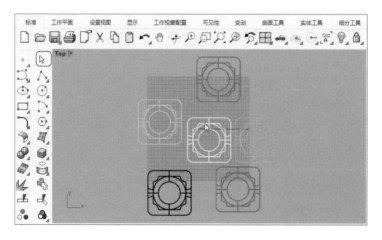

（2）框选对象

框选对象分为"左到右框选"和"右到左框选"两个方式，按住鼠标左键从对象的左侧往右侧拖拽，出现实线框，需要将对象全部框住才可以选中该对象，我们只能选中蓝色对象，如下左图所示。而按住鼠标左键从对象的右侧往左侧拖拽，出现虚线框，框内的所有对象都将被选中，不管对象是否被全部框住，我们将选中蓝色、绿色和玫红色三个对象，如下右图所示。

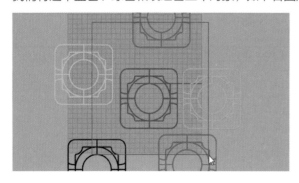
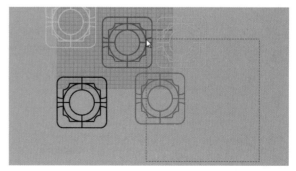

（3）按类型选择对象

在"标准"工具栏中单击"全部选取"右下角的三角按钮，在弹出的"对象"选取面板中包含了许多对象选择工具，用户可以根据需要进行选择，如下图所示。

例如，想要快速选择右图中五个玫红色对象，我们可以在打开的对象选取面板中选择"以颜色选取"按钮，然后选择玫红色对象，按回车键完成操作。

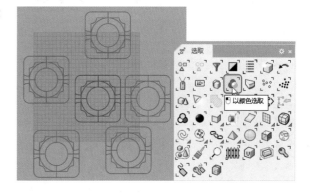

我们在建模中使用比较多的参考线就可以通过"选取曲线"工具把所选的线隐藏，选中某个单一图层进行操作。

1.6.2 移动对象

移动对象是将一个物件从现在的位置移动到另一个指定的新位置，物件的大小和方向不会发生改变。在Rhino中，可以通过侧工具栏中的移动工具移动物件，如下左图所示。选中要移动的对象，按下回车键（也可单击鼠标右键）确认，如下中图所示。然后选择移动的起点和终点，如下右图所示。也可以通过拖拽的方式直接移动，还可以通过键盘快捷键进行移动等，这里就不一一列举了。

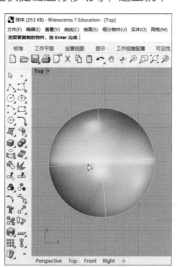
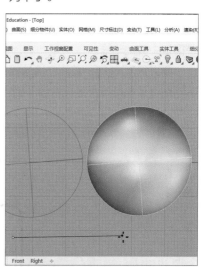

提示：直接拖拽移动物体

通过拖拽直接移动物体时，配合使用状态栏中的"锁定格点"和"物件锁点"模式，可以更加方便精确地移动到我们想要的位置。

1.6.3 复制对象

在一些较大的场景中，不可避免地会存在一些相同的对象，在Rhino中想要创建一个和原对象相同的对象，复制是一种省时省力的操作方法。我们首先选择侧工具栏中的"复制"工具，如下左图所示。选中要复制的对象，按下回车键（也可单击鼠标右键）确认，如下中图所示。然后选择移动的起点和终点，完成复制，如下右图所示。

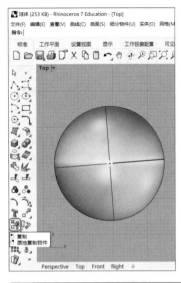 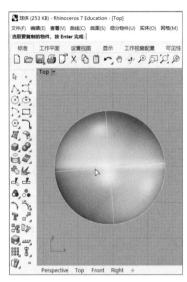 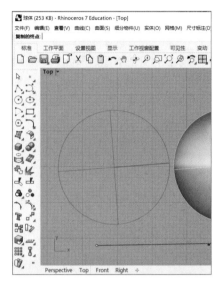

提示：快速原地复制物件

原地复制物件时，我们可以右键单击侧工具栏中的"复制"工具，也可按下Ctrl+C和Ctrl+V组合键快速完成。

1.6.4 旋转对象

在Rhino中，旋转操作分为2D旋转和3D旋转，2D旋转是平面内旋转，而3D旋转是空间内旋转。

2D旋转的中心是点，而在进行3D旋转时，会提示我们选择旋转轴，轴线可以是我们新建的，也可以是模型中其他轴线。

要进行2D旋转，首先左键选择侧工具栏的"旋转"工具，如下左图所示。然后选中要旋转的对象，按下回车键（也可单击鼠标右键）确认，如下右图所示。

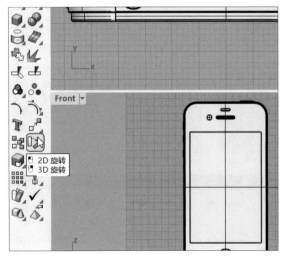 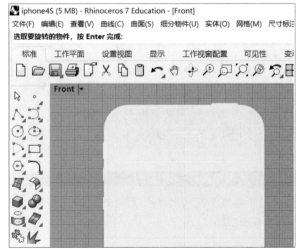

　　然后选择旋转的中心点，这里我们选择坐标原点，如下左图所示。接着选择第二参考点（这里我们可以直接在命令栏中输入需要的旋转数值），完成2D旋转，如下右图所示。

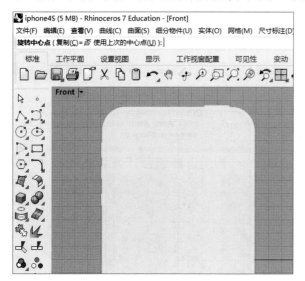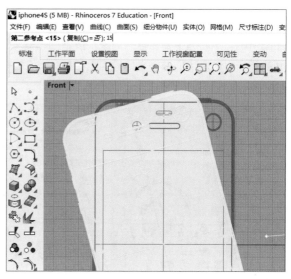

　　进行3D旋转，首先右键选择侧工具栏的"旋转"工具，和2D旋转一样，选择需要旋转的对象，按下回车键（也可单击鼠标右键）确认，选择旋转轴的起点，这里我们选择坐标原点直接输入"0"按下回车键，如下左图所示。然后按住Shift键在前视图中选择z轴方向左键单击，完成旋转轴的选择，接着在命令栏输入选择的角度，或者选择旋转参考点，完成3D旋转，如下右图所示。

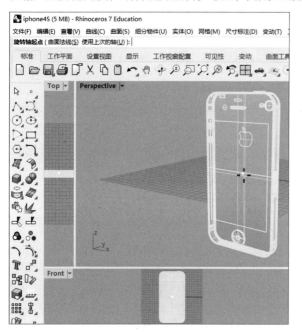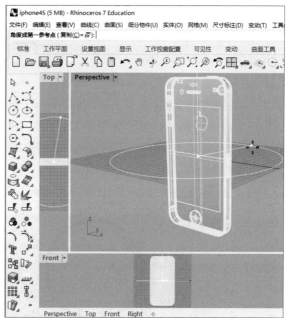

1.6.5 镜像对象

镜像也是创建物件副本的一种常见方式，与复制不同的是，镜像生成的物件与原始物件是对称的。

首先在左侧工具栏中单击 "移动"工具右下角的三角按钮，打开隐藏工具面板，选择镜像工具，如下左图所示。然后选中要镜像的对象，按下回车键（也可单击鼠标右键）确认，如下中图所示。选择镜像平面的起点，这里我们选择坐标原点直接输入"0"按下回车键，然后按住Shift键选择镜像平面的终点，完成镜像，如下右图所示。

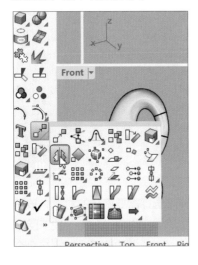 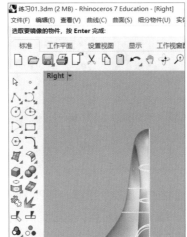 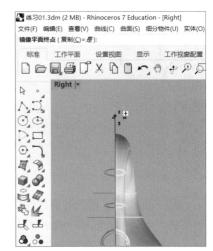

1.6.6 缩放对象

当用户需要对物体进行放大或缩小时，可以对对象执行缩放操作。在Rhino中，对象的缩放操作包括三轴缩放、二轴缩放、单轴缩放、不等比缩放和定义的平面上缩放等。

（1）三轴缩放

三轴缩放指物体的整体缩放，等比例缩小或者放大，在左侧工具栏中选择三轴缩放工具，如下左图所示。然后选中要缩放的对象，按下回车键（也可单击鼠标右键），根据提示选择第一参考点，这里我们选择坐标原点直接输入"0"按下回车键，接着选择第二参考点。这时会出现一条能拉动的直线，拉动直线就能明显看到物体对象的放大或缩小，如下右图所示。

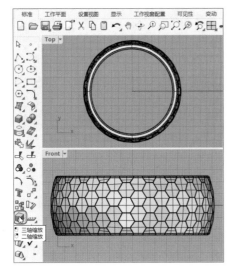 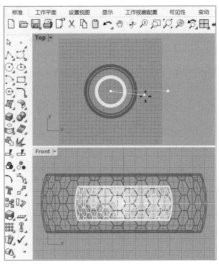

（2）二轴缩放

二轴缩放是在工作平面的 x、y 轴方向上缩放选取的物件。首先右键单击侧工具栏中的二轴缩放工具，如下左图所示。接着同三轴缩放操作一样，区别在于二轴缩放是只会在工作平面的 x、y 轴方向上进行缩放，物体的高度不变，如下右图所示。

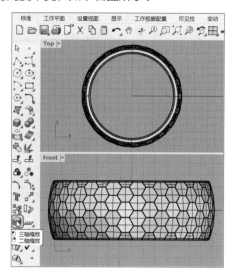 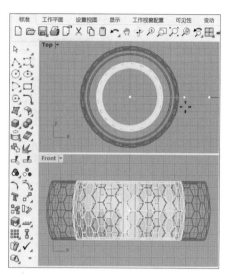

1.6.7　阵列对象

阵列是指按一定的组合规律进行大规模复制，Rhino提供了"矩形""环形""沿着曲线""沿着曲面""沿着曲面上的曲线"和"直线"6种阵列方式。这里我们重点介绍前2种阵列。

（1）矩形阵列

矩形阵列是以指定的行数、列数和层数（x、y、z轴向）复制物件。在侧工具栏中选择阵列工具，如下左图所示。选取需要阵列的物件，如下中图所示。然后依次指定 x 轴方向3个、y 轴方向2个和 z 轴方向2个的复制数，再指定 x 轴方向、y 轴方向和 z 轴方向的间距都为60，完成阵列，如下右图所示。

 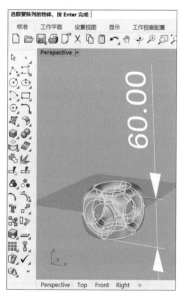 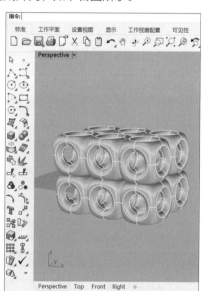

（2）环形阵列

环形阵列是指将图形对象按照指定的中心点和阵列数目以圆形排列方式进行复制。首先在左侧工具栏中单击阵列工具右下角的三角按钮，打开隐藏工具面板，选择环形阵列工具，如下左图所示。然后选中要阵列的对象，按下回车键（也可单击鼠标右键）确认，如下中图所示。选择环形阵列中心点，按下回车键，使用工作平面原点，输入旋转角度总和或者第一参考点，完成环形阵列，如下右图所示。

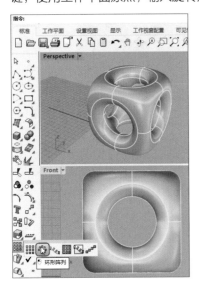 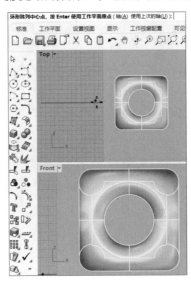 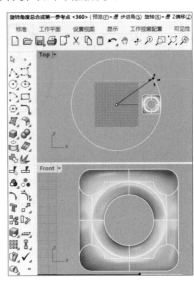

1.6.8 隐藏和显示对象

建模时，由于当前正在编辑的模型毕竟只是一小部分而其他堆砌的物件会影响视觉上的操作，因此就需要将物体隐藏与锁定。

首先选择场景中需要隐藏的对象，在"标准"工具栏中单击"隐藏物件"按钮，即可隐藏所选择的对象，如下图所示。若要显示已经隐藏的对象，只需右键单击"标准"工具栏中的"显示物件"按钮。

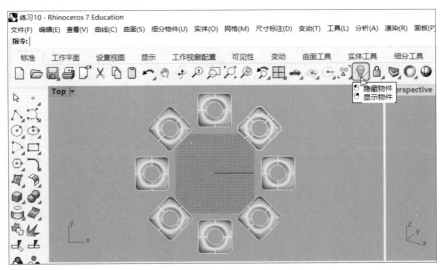

提示：快速隐藏其他不需要的物体

在建模的过程中，若需要只显示我们选择的物体，而其他的物体都隐藏，这时运用"隐藏物件"工具下的"隔离物件" 命令，方便快捷。

1.6.9 群组与解散群组

在使用Rhino 7建模的过程中，群组功能主要起到绑定不同部件的作用，它能通过解组和编组来灵活处理物件关系，客观上加快建模速度。

群组操作命令主要集合在"编辑>群组"菜单下，如下左图所示。此外，在侧工具栏中可以找到"群组"和"解散群组"工具，通过"群组"工具右下角三角按钮，可以调出"群组"工具面板，从左到右依次为"群组""解散群组""加入至群组""从群组中移除""设置群组名称"5个命令，如下右图所示。

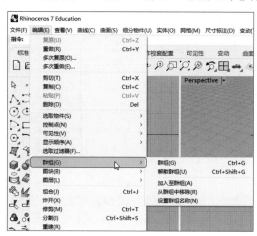 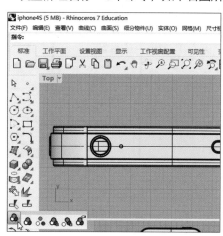

1.6.10 锁定对象

在建模过程中，如果不希望某些对象被编辑，但同时又希望该对象可见，可以将其锁定。被锁定的物件将变成灰色显示。

首先选择需要锁定的物件，在"标准"工具栏中左键单击"锁定物件"按钮，即可锁定对象，如下图所示。如果需要解除锁定的物件，则直接右键单击"锁定物件"按钮，即可解除锁定。

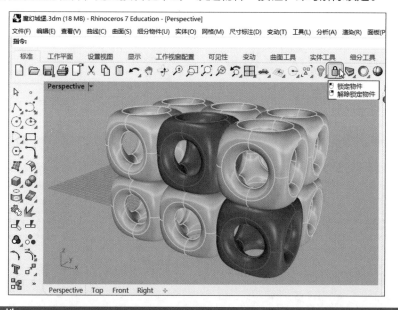

提示：物件操作性

隐藏的物件不可见，不能进行锁定物件/解除锁定物件的操作。锁定的物件虽然可见，但不能被选中，不能进行操作。

1.6.11 尺寸标注

尺寸标注在生产中起到明确尺寸的作用，Rhino用于标注尺寸的命令都位于"尺寸标注"菜单下，如下左图所示。用户也可通过主工具栏"出图"下的"直线尺寸标注"工具进行标注，如下右图所示。

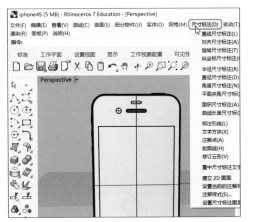
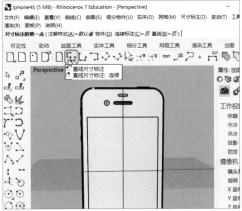

1.7 图层的应用

在Rhino中合理地使用图层功能，可以帮助用户更好地组织模型中的对象，并且可以清晰地反映建模的思路。用户可以在打开的图形面板中的"图层"选项卡中执行新建图层、重命名图层、复制图层以及删除图层等操作。

- 执行"编辑>图层>编辑图层"命令，可以打开图层面板，如下左图所示。
- 单击"标准"工具栏中的"切换图层面板"按钮，可以打开图层面板，如下中图所示。
- 执行"图形面板>图层"命令，可以打开图层面板，如下右图所示。

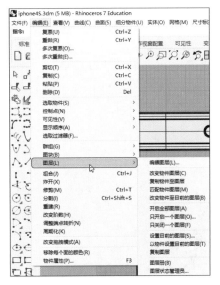
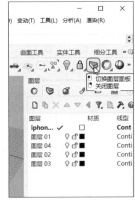

> **提示：图层名称的修改**
>
> 为图层命名后，如果还需要对名称进行修改，可先选中该图层，然后单击图层的名称或按"F2"键进行修改。处于编辑图层名称的状态时，按"Tab"键可以快速建立新图层。

知识延伸：Rhino 7的新功能

Rhino 7是一次版本的重要升级，使用全新的Sub-D工具，用户可以建立有机形状，或使用Rhino.Inside.Revit作为Revit附加组件运行Rhino和Grasshopper，还可以使用强大的QuadRemesh算法为NURBS几何图形或网格建立美观的四边面网格。Rhino 7开启了全新的建模工作流程，并将许多稳定的功能进行了完善。

（1）Sub-D建模

对于需要快速探索自由造型形状的设计师来说，Sub-D是一种新的几何类型，能够创建可编辑的、高精度的形状。与其他几何类型不同，Sub-D在保持自由造型精确度的同时还可以使快速、精确、有机的建模变得更加容易。用户可以通过推、拉的方式实时地探索复杂的自由造型曲面。Sub-D物件具有很高的精确度，可以直接转换为可加工的实体。用户还可以将扫描或网格数据转换为Sub-D物件，然后转换为NURBS物件。应用Sub-D建模方式创建的F1赛车模型效果，如下图所示。

（2）以四边面重构网格

以四边面重构网格功能可以从现有的曲面、实体、网格或者细分物件快速重建四边面网格，非常适合渲染、动画、CFD、FEA 和逆向工程。按压喷头四边面网格变化的效果，如下图所示。

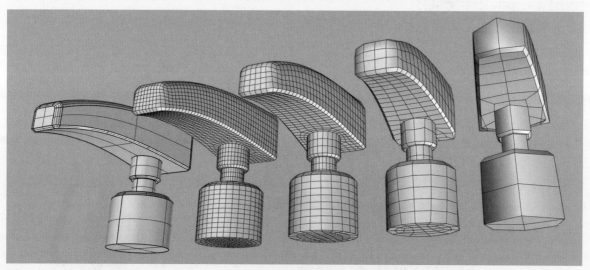

（3）设计表达

Rhino 7中改善了设计表达工具，对Rhino渲染引擎进行了重大更新，简化了工作流程，因此用户不需要做任何变更就可以直接在工作视窗的光线跟踪模式下看到渲染效果。此外，Rhino 7还新增了对PBR材质和LayerBook指令的支持以及更多其他功能。新的材质库及新的渲染功能，如下图所示。

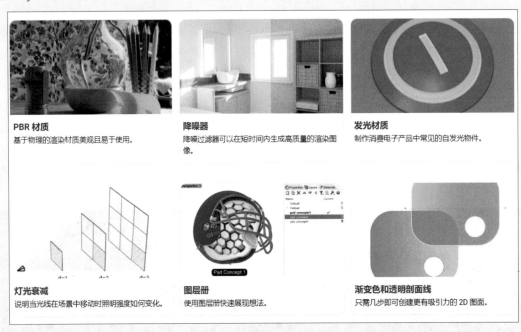

PBR 材质
基于物理的渲染材质美观且易于使用。

降噪器
降噪过滤器可以在短时间内生成高质量的渲染图像。

发光材质
制作消费电子产品中常见的自发光物件。

灯光衰减
说明当光线在场景中移动时照明强度如何变化。

图层册
使用图层册快速展现想法。

渐变色和透明剖面线
只需几步即可创建更有吸引力的 2D 图面。

（4）显示

Rhino的新显示管道更快、更稳定，并且可以使用高级显示硬件的新功能，例如GPU着色以及内存优化，它们可以减少特定的GPU显示故障，即使模型很巨大，也能使帧与帧之间的连贯性更好、更美观。功能包括极速的3D图形显示、无限制的工作视窗数目、着色模式、工作视窗、透视图工作视窗、已命名视图、浮动视窗、全屏显示、物件显示顺序、两点透视、截平面、一比一全尺寸显示模型等。大型机械模型实时渲染的效果，如下图所示。

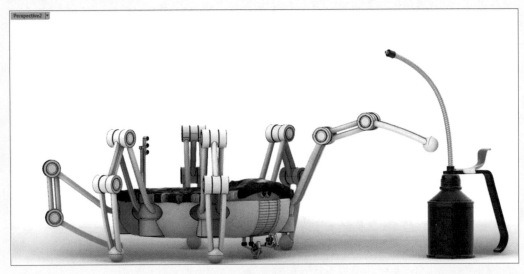

上机实训：对排球模型进行图层分组

学习了Rhino 7软件界面的构成、文件管理和对象的基本操作等内容后，下面以一个排球模型为例，介绍点选对象、创建图层、修改图层名称以及修改图层颜色的操作方法，具体步骤如下。

扫码看视频

步骤 01 首先打开"排球.3dm"素材文件，如下左图所示。

步骤 02 在进行操作前，我们可以打开一张真实的排球图片作为参考，如下右图所示。

步骤 03 执行"图形面板>图层"命令，打开"图层"面板，然后单击"图层"面板左上角的新建图层按钮，新建3个图层，如下左图所示。

步骤 04 选中"图层04"图层，单击名称位置，修改名称为"黄色"。"图层05"和"图层06"按照此方法分别修改为"绿色"和"白色"，如下中图所示。

步骤 05 左键单击"黄色"图层后面的颜色按钮，弹出"选择图层颜色"面板，选择和排球示例图片接近的黄色，单击"确定"按钮。按照此方法修改"绿色"和"白色"图层的颜色，如下右图所示。

步骤 06 根据排球示例图片，我们点选需要改变为"黄色"图层的对象（按住Shift键，依次选择），如下左图所示。

步骤 07 右键单击黄色图层，选择"改变物件图层"命令，为图层分层。按照此方法完成为绿色图层和白色图层分层，如下右图所示。

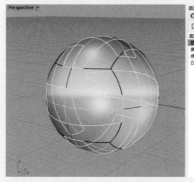

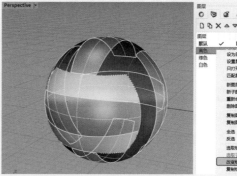

课后练习

一、选择题

（1）在Rhino 7中，物件群组的快捷键是（　　　）。

  A. Ctrl+G   B. Ctrl+S   C. Ctrl+O   D. Ctrl+Shift+G

（2）Rhino 7软件中不可以设置的单位是（　　　）。

  A. 密尔   B. 英寸   C. 分米   D. 盎司

（3）Rhino 7软件不可以导入的文件格式为（　　　）。

  A. stp   B. x_t   C. igs   D. ai

（4）在Rhino 7中，复制对象的快捷键为（　　　）。

  A. Ctrl+C　Ctrl+V   B. Ctrl+Shift+C　Ctrl+Shift+V

  C. Shift+C　Shift+V   D. Ctrl+Alt+C　Ctrl+Alt+V

二、填空题

（1）Rhino 7的工作界面由标题栏、菜单栏、＿＿＿＿＿＿＿、工具栏、工作视窗、图形面板以及状态栏等7大模块组成。

（2）Rhino 7四个工作视窗，用户一次只能激活一个视窗，当视窗被激活时，位于视窗左上角的标签会以＿＿＿＿＿＿＿显示，即可对其进行单独优化。

（3）在Rhino 7中，选择对象的方式一般有三种，分别为＿＿＿＿＿＿＿、＿＿＿＿＿＿＿和＿＿＿＿＿＿＿。

（4）Rhino 7开启物件锁点模式后，将光标移动至某个可以锁定的点（例如，＿＿＿＿＿＿＿点、＿＿＿＿＿＿＿点、＿＿＿＿＿＿＿点、＿＿＿＿＿＿＿点等）附近时，光标会自动吸附到该点上。

三、上机题

　　通过本章知识的学习，下面我们打开"iPhone4s修改尺寸标注大小"素材文件，如下左图所示。把尺寸标注显示到正常大小，如下右图所示。

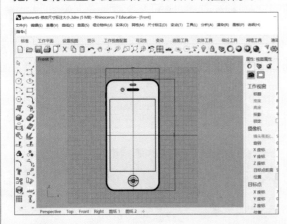 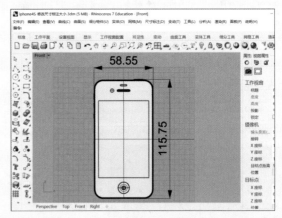

操作提示

① 这里我们需要打开"文件属性"或者"Rhino选项"对话框。

② 在"文件属性>注解样式>默认值"面板中进行修改。

第2章 曲线的绘制和编辑

本章概述

　　曲线是构建面的基础。在Rhino中，绘制的曲线的质量将直接影响其构建的面的质量，足见曲线的重要性。本章将学习各种线的绘制与编辑方法。

核心知识点

❶ 掌握直线的绘制方法

❷ 掌握自由曲线的绘制方法

❸ 掌握标准曲线的绘制方法

❹ 掌握曲线的编辑操作

2.1 绘制直线

　　直线是Rhino模型的重要组成部分，建立模型往往是通过直线的变化，进行挤压、旋转、组合而成，Rhino 7提供了17种绘制直线的工具，都集中在左侧工具栏"直线"工具面板内，如下左图所示。用户还可以通过"曲线>直线"子菜单中的命令进行直线的绘制，如下右图所示。

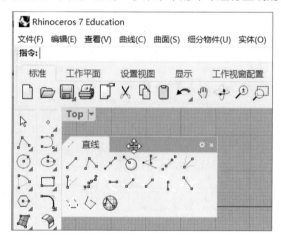
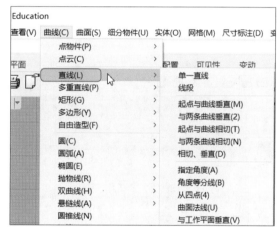

2.1.1 绘制单一直线

　　绘制单一直线时，可以执行"曲线>直线>单一直线"命令，如下左图所示。或者通过单击左侧工具栏中"直线"面板右下方的三角按钮，弹出直线面板，选择"单一直线"工具，如下右图所示。

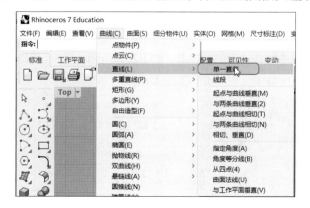
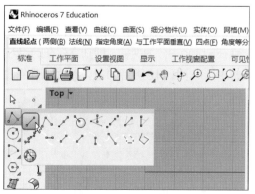

执行"单一直线"命令后，命令行会提示选择直线的起点和终点，这里根据自己的需求，依次分别选取好直线起点和终点，即可绘制一条直线，如右图所示。

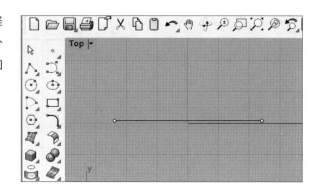

2.1.2 绘制多重直线

多重直线是由多条端点重合的直线或曲线段组成，无论多重直线有多少段，它都是一个整体的对象，因此选中多重直线的任意一段，都将直接选中整个对象。

绘制多重直线时，首先选择左侧工具栏中"多重直线"工具，如下左图所示。在绘图区指定多重直线的起点，然后单击指定转折点，最后按下回车键（或者单击鼠标右键）确认操作，即可完成绘制，如下右图所示。

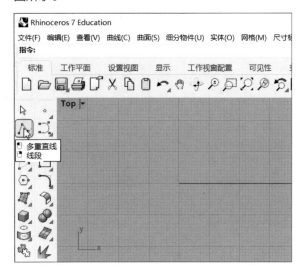
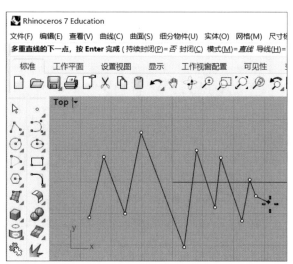

还可以在菜单栏中选择"曲线>直线>线段"命令，进行多重直线的绘制。

2.1.3 通过点绘制直线

绘制直线还可以先确定点的位置，然后通过这些点自动生成直线。

点在Rhino中分为两种，即独立存在的点对象和曲线或曲面的控制点，如下左图所示。用户可以利用工具栏中"点"工具创建点对象，然后利用点对象进行直线绘制，如下右图所示。

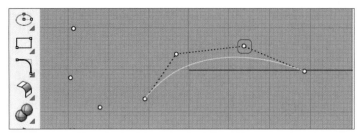
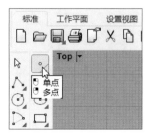

首先打开状态栏中物件锁点工具，勾选"点"前面的复选框。当光标靠近"点"时，会自动捕捉到该"点"，如下图所示。

Perspective	Top	Front	Right	+							
□端点	□最近点	☑点	□中点	□中心点	□交点	□垂点	□切点	□四分点	□节点	□顶点	□投影 □停用
工作平面	x -254.92	y 58.71		z		毫米	■默认		锁定格点	正交 平面模式	**物件锁点**

这里单击左侧工具栏的"多重直线"工具右下角的三角按钮，就会弹出"直线"工具栏，绘制直线的工具就在这里，如右图所示。

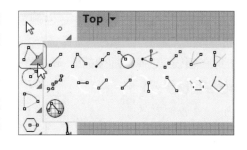

点绘制好以后，有两个工具可以提供绘制直线功能，一个是"配合数个点的直线"工具，另一个是"多重直线：通过数个点"工具，操作方法都比较简单，启用工具后选择需要自动生成直线的点，按下回车键即可。

所不同的是，使用"配合数个点的直线"工具时，如果只有两个点，那么生成的直线会连接这两个点，如果有多个点，那么会穿过这些点，如下图所示。

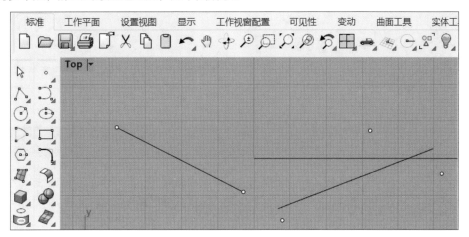

而使用"多重直线：通过数个点"工具时，无论有多少个点，生成的直线都会连接这些点，如下图所示。

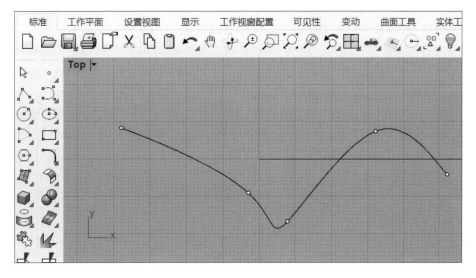

2.1.4 绘制切线

绘制切线至少需要一条以上的原始曲线，在Rhino中主要使用"直线"工具面板中的5个工具来进行绘制，如右图所示。

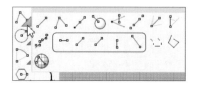

根据不同的需求，选择不同的绘制切线命令，这里简单介绍一种切线绘制。

先绘制一条曲线，然后单击左侧工具栏"直线"右下角的三角按钮，弹出"直线"工具栏，这里选择 按钮，如下左图所示。光标靠近曲线单击左键，就会有一条与曲线相切的直线，选择合适的位置，单击鼠标左键就绘制一条与这条曲线相切的直线，如下右图所示。

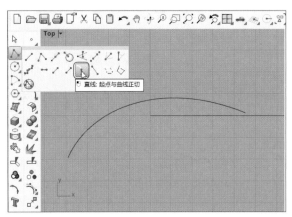
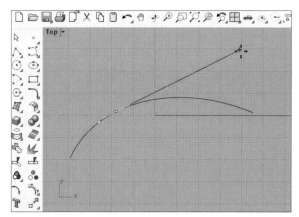

2.2 绘制自由曲线

曲线是构建模型的一种常用手段，Rhino建模的一般流程就是先绘制平面或空间曲线，然后再通过这些曲线构造复杂曲面。因此模型好坏的关键取决于曲线的质量，这节将介绍基础曲线的绘制。

2.2.1 绘制控制点曲线

要绘制控制点曲线，用户可以在左侧工具栏中选择"控制点曲线"工具，如下左图所示。在命令行中输入曲线阶数（一般默认为3），然后在绘图区中任意位置通过添加控制点来绘制曲线，最后按下回车键（或者单击鼠标右键）确认操作，完成曲线绘制，如下右图所示。

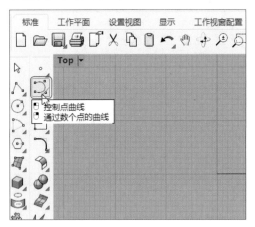
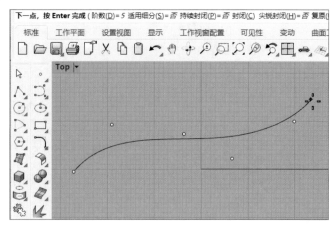

2.2.2 绘制编辑点曲线

编辑点在Rhino中也称"内插点"。在许多CAD程序中，通常将编辑点曲线称为"样条曲线"或"云形线"。绘制编辑点曲线可以单击左侧工具栏中"控制点曲线"工具右下角的三角按钮，弹出"曲线"面板，选择"内插点曲线"工具，如下左图所示。然后在绘图区中任意位置通过添加编辑点来绘制曲线，最后按下回车键（或者单击鼠标右键）确认操作，完成曲线绘制，如下右图所示。

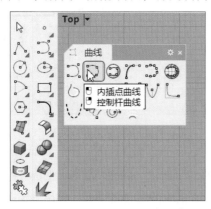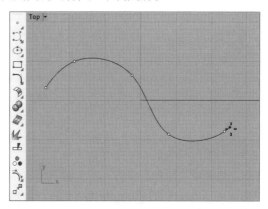

> **提示：控制点曲线和编辑点曲线不同**
>
> 编辑点曲线的点位于曲线上，而控制点曲线的点在曲线外。

2.2.3 绘制描绘曲线

描绘曲线类似于在纸上徒手画线，单击左侧工具栏中"控制点曲线"工具右下角的三角按钮，弹出"曲线"面板，选择"描绘"工具，如下左图所示。在绘图区按住鼠标左键随意勾画曲线，松开鼠标即可完成曲线的绘制，如下右图所示。

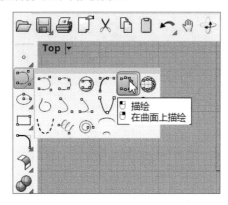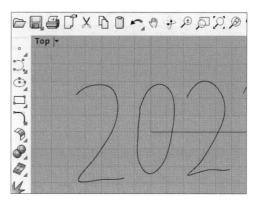

2.2.4 绘制圆锥曲线

圆锥曲线又称二次曲线，包括椭圆、抛物线和双曲线。单击左侧工具栏中"控制点曲线"工具右下角的三角按钮，弹出"曲线"面板，选择"圆锥线"工具，如下页左图所示。在绘图区确定圆锥曲线的起点、终点和顶点，然后确定圆锥曲线的曲率，即可完成圆锥曲线的绘制，如下页右图所示。

在Rhino 7中，用户通过在命令行中精确地输入曲率值（范围从0到1），确定想要的曲线。

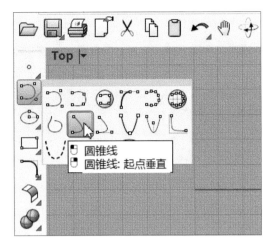 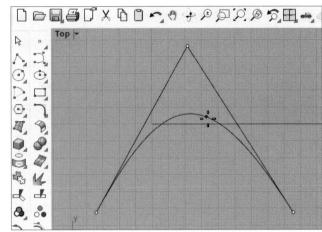

2.2.5　绘制抛物线

　　单击左侧工具栏中"控制点曲线"工具右下角的三角按钮，弹出"曲线"面板，选择"抛物线"工具，如下左图所示。在绘图区确定抛物线的起点、抛物线上的点和抛物线的终点，然后确定抛物线的方向，即可完成抛物线的绘制，如下右图所示。

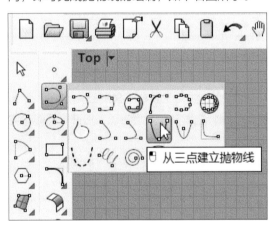 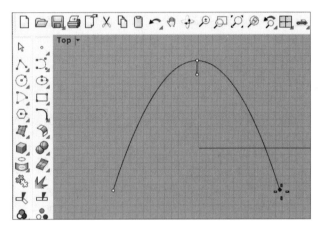

2.2.6　绘制双曲线

　　单击左侧工具栏中"控制点曲线"工具右下角的三角按钮，弹出"曲线"面板，选择"双曲线"工具，如下左图所示。在绘图区确定双曲线的中心点、焦点和终点，即可完成双曲线的绘制，如下右图所示。

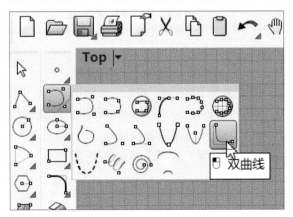 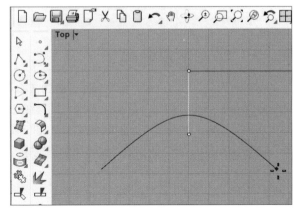

2.2.7 绘制螺旋线

在左侧工具栏中单击"控制点曲线"工具右下角的三角按钮，弹出"曲线"面板，选择"螺旋线"工具，如下左图所示。在绘图区确定螺旋线轴的起点和终点（螺旋线轴是螺旋线绕着旋转的一条假想直线），如下中图所示。然后指定螺旋线的第一半径和起点，再指定螺旋线终点的第二半径，即可完成螺旋线的绘制，如下右图所示。

 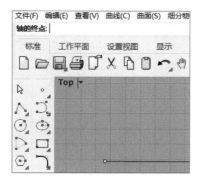 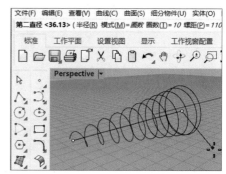

提示：注意命令行中螺旋线圈数和螺距的修改

在绘制螺旋线时，螺旋轴一般是一个固定值，根据具体的螺旋线参数可以在命令行中单击圈数或者螺距进行数值修改，以更精确地绘制出需要的螺旋线。

2.2.8 绘制弹簧线

同绘制螺旋线相似，绘制弹簧线也需要指定一条假想的旋转轴。不同的是，弹簧线具有统一的半径，如右图所示。

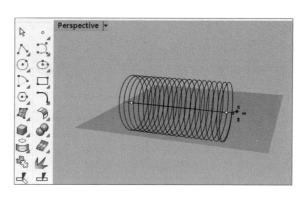

首先绘制一条控制点曲线，如下左图所示。然后在左侧工具栏中单击"控制点曲线"工具右下角的三角按钮，弹出"曲线"面板，选择"弹簧线"工具，如下右图所示。

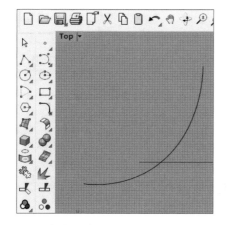 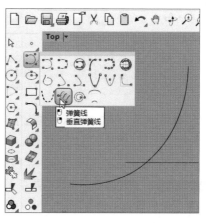

然后在命令行选择"环绕曲线"选项，接着选择绘制的曲线，如下左图所示。最后指定弹簧线的半径，即可完成弹簧线的绘制，如下右图所示。

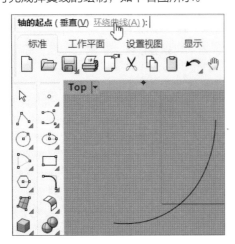 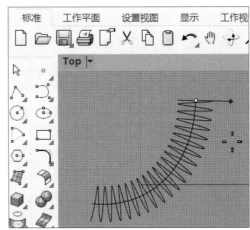

2.3　绘制标准曲线

Rhino里的标准曲线主要指圆、圆弧、椭圆、矩形、多边形和文字。这里的标准没有明确的说法，之所以称为标准曲线，是因为这些曲线的绘制只需要做简单的参数输入就可以完成，不需要太多的手动调节。

2.3.1　绘制圆

在Rhino中绘制圆有多种方式，用户可以在左侧工具栏的"圆"工具扩展面板中选择所需要的工具，进行圆的创建，如下左图所示。也可以在菜单栏中执行"曲线>圆"命令，然后在子菜单中选择所需的圆绘制命令进行圆的创建，如下右图所示。

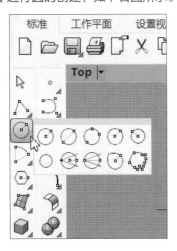 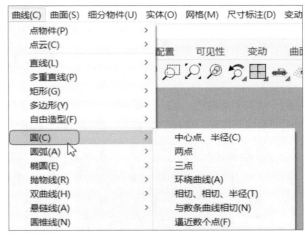

下面对左侧工具栏中圆工具扩展面板相关圆绘制命令的应用进行介绍，具体如下。

- **"圆：中心点、半径"命令**：通过中心点和半径绘制圆。操作方式为：执行该命令后，在操作视窗内选取圆中心点和半径（或在命令行输入半径值），即可创建圆，如下页左图所示。
- **"圆：直径"命令**：通过直径（或选取两点）绘制圆。操作方式为：执行该命令后，通过在操作视窗选取一条直径来创建圆（或者选取两点），如下页右图所示。

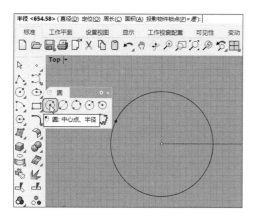 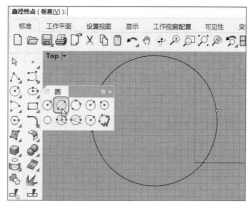

- **"圆：三点"命令**：通过三点绘制圆。操作方式为：执行该命令后，在操作视窗内选取三个点，即可创建圆，如下左图所示。
- **"圆：环绕曲线"命令**：通过环绕某根曲线上的某点建立与此曲线垂直的圆。操作方式为：执行该命令后，在绘图区内选取一条曲线，然后确定曲线上某点作为圆心，在绘图区指定半径（或在命令行中输入半径值）即可创建圆，如下右图所示。

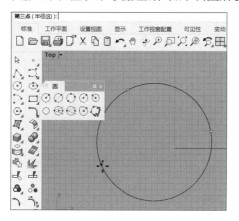 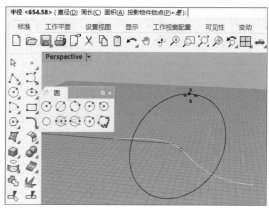

- **"圆：正切、正切、半径"命令**：用于得到与两条曲线对象相切，并根据指定半径绘制的圆。操作方式为：执行该命令后，先选取第一条曲线，再选取第二条曲线，在绘图区内指定半径（或在命令行输入半径值），即可创建圆，如下左图所示。
- **"圆：与数条曲线相切"命令**：使用此命令可得到与数条曲线对象公切的圆。操作方式为：执行该命令后，依次选取三条曲线，即可创建圆，如下右图所示。

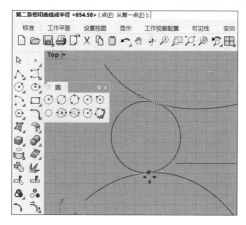 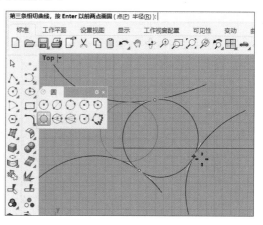

- **"圆：与工作平面垂直、中心、半径"命令**：通过中心点和半径，建立与工作平面垂直的圆。操作方式为：执行该命令后，选取绘图区内一点为圆心，在绘图区指定半径（或在命令行输入半径值），即可创建一个与工作平面垂直的圆，如下左图所示。
- **"圆：与工作平面垂直、直径"命令**：通过直径，建立与工作平面垂直的圆。操作方式为：执行该命令后，选取绘图区内两点作为直径，即可创建一个与工作平面垂直的圆，如下右图所示。

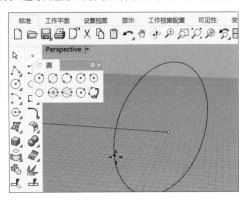 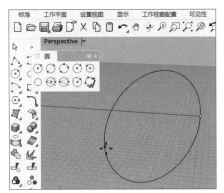

- **"圆：可塑形的"命令**：创建一个可塑形的圆。可以设置圆的阶数和点数，如下左图所示。
- **"圆：逼近数个点"命令**：通过多个点绘制圆。操作方式为：执行该命令后，选取多个点，即可创建一个与这些点位置平均的圆，如下右图所示。

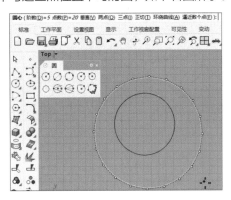 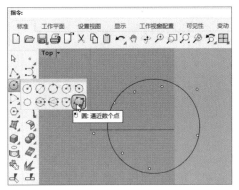

2.3.2　绘制圆弧

圆弧是圆的一部分，在Rhino中绘制圆弧有多种方式，用户可以在左侧工具栏的"圆弧"工具扩展面板中选择所需要的命令，进行圆弧的创建，如下左图所示。也可以在菜单栏中执行"曲线>圆弧"命令，然后在子菜单中选择所需的圆弧绘制命令进行圆弧的创建，如下右图所示。

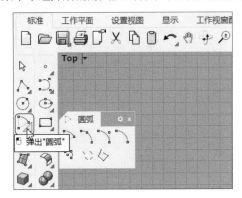 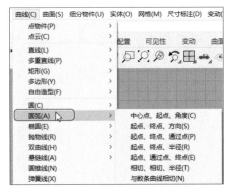

下面对左侧工具栏中圆弧工具扩展面板中使用频率较高的圆弧绘制命令的应用进行介绍，具体如下。

- **"圆弧：中心点、起点、角度"命令**：通过圆心、起点及终点绘制一个圆弧。操作方式为：执行该命令后，选取绘图区内一点为圆心，接着选取起点、终点（或在命令行输入角度值）进行创建，如下左图所示。

- **"圆弧：起点、终点、通过点"命令**：通过起点、终点和圆弧上的点绘制圆弧。操作方式为：执行该命令后，在绘图区内选取圆弧的起点、终点，然后选取一点确定圆弧的弧度进行创建，如下右图所示。

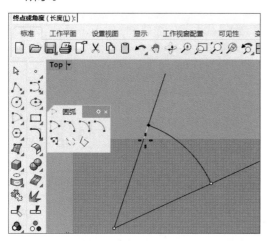
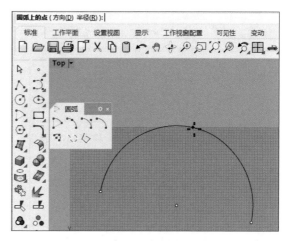

提示："倾斜"选项

执行绘制圆弧命令时，在命令行提示中有一个"倾斜"选项，使用该选项可以绘制一个不与工作平面平行的圆弧。

2.3.3 绘制椭圆

椭圆是圆锥曲线的一种，即圆锥与平面的截线。从形状上来看，椭圆是一种特殊的圆，在Rhino中绘制椭圆有多种方式，用户可以在左侧工具栏的"椭圆"工具扩展面板中选择所需要的命令，进行椭圆的创建，如下左图所示。也可以在菜单栏中执行"曲线>椭圆"命令，然后在子菜单中选择所需的椭圆绘制命令进行椭圆的创建，如下右图所示。

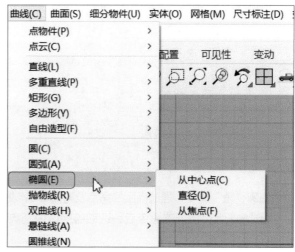

下面对左侧工具栏中椭圆工具扩展面板相关椭圆绘制命令的应用进行介绍，具体如下。

- **"椭圆：从中心点"命令**：通过中心点、第一轴终点及第二轴终点绘制椭圆。操作方式为：执行该命令后，选取绘图区内一点为椭圆中心点，接着选取第一轴终点和第二轴终点，完成绘制，如下左图所示。
- **"椭圆：直径"命令**：通过直径绘制椭圆。操作方式为：执行该命令后，通过在绘图区选取一条直径来创建椭圆，选取第二轴终点，完成绘制，如下右图所示。

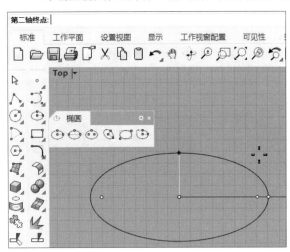 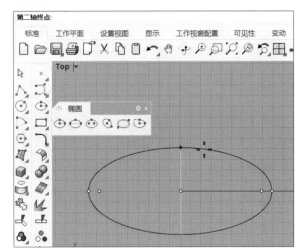

- **"椭圆：从焦点"命令**：通过第一焦点、第二焦点及椭圆上的点绘制椭圆。操作方式为：执行该命令后，选取绘图区内一点为椭圆的第一焦点，接着选取第二焦点，完成绘制，如下左图所示。
- **"椭圆：环绕曲线"命令**：通过环绕某根曲线上的某点，建立与此曲线垂直的椭圆。操作方式为：执行该命令后，在绘图区选取一条曲线，然后确定曲线上某点作为椭圆的中心，在绘图区指定第一轴终点，接着确定第二轴终点，即可创建椭圆，如下右图所示。

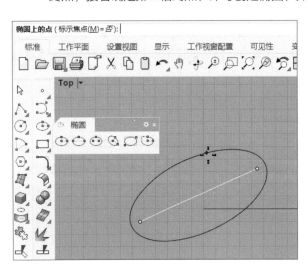 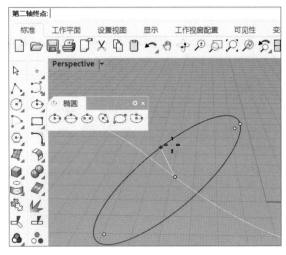

- **"椭圆：角"命令**：通过椭圆的角点及对角点绘制椭圆，该椭圆内切于以两点为对角线构成的矩形。操作方式为：执行该命令后，选取绘图区内两点为椭圆的角点和对角点，完成绘制，如下页左图所示。
- **"椭圆：可塑形"命令**：创建一个可塑形的椭圆，可以设置椭圆的点数，如下页右图所示。

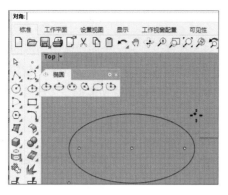 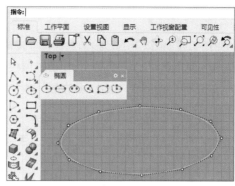

2.3.4 绘制矩形

在Rhino中绘制矩形有多种方式，可通过角对角、中心及角点等方式来绘制矩形。用户可在左侧工具栏的"矩形"工具扩展面板中选择所需要的命令，进行矩形的创建，如下左图所示。也可在菜单栏中执行"曲线>矩形"命令，然后在子菜单中选择所需的矩形绘制命令进行矩形的创建，如下右图所示。

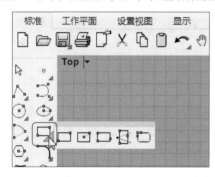 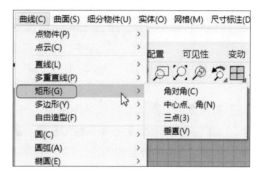

下面对左侧工具栏中矩形工具扩展面板相关矩形绘制命令的应用进行介绍，具体如下。

- **"矩形：角对角"命令**：通过矩形的角点和对角点，绘制一个矩形。操作方式为：执行该命令后，选取绘图区内一点为矩形的角点，接着选取矩形的对角点（或在命令行输入矩形长度和宽度值），完成绘制，如下左图所示。
- **"矩形：中心点、角"命令**：通过矩形的中心点和对角点，绘制一个矩形。操作方式为：执行该命令后，选取绘图区内一点为矩形的中心点，接着选取矩形的角点（或在命令行输入矩形长度和宽度值），完成绘制，如下右图所示。

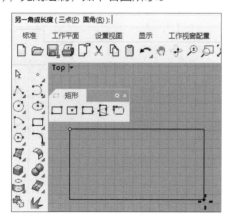 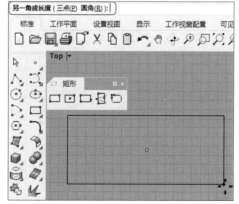

通过三点和垂直于曲线进行矩形创建的方式与椭圆创建相似，这里就不一一介绍了。

2.3.5　绘制多边形

多边形是由3条或3条以上的直线首尾相连，形成的封闭几何形。Rhino中绘制多边形的方式有很多种，用户可以在左侧工具栏的"多边形"工具扩展栏中选择所需要的命令，进行多边形的创建，如下左图所示。也可以在菜单栏中执行"曲线>多边形"命令，然后在子菜单中选择所需的多边形绘制命令进行多边形的创建，如下右图所示。

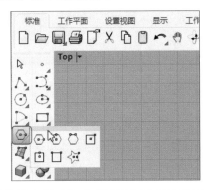 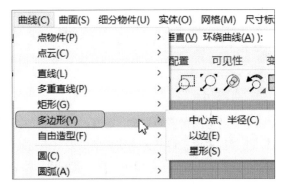

提示：多边形绘制的区别

使用"多边形"工具面板中前6个工具绘制多边形时，只是在绘制上有所区别，通过不同的选择，中心点、半径、角的方式不一样，命令行中控制边的数量一样的话，即可绘制相同的多边形。

绘制多边形的命令和工具大致可以分为两类，一类是绘制正多边形，比如绘制正八边形（设置"边数"为8即可），如下左图所示。另一类是绘制星形，启用多边形面板中星形创建工具，在操作视窗内指定图形的中心点，然后指定角的外径和内径，完成星形的创建，如下右图所示。

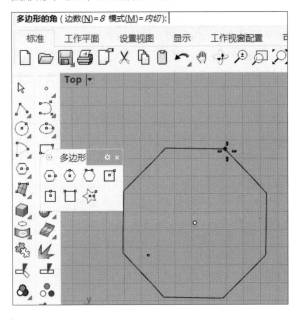 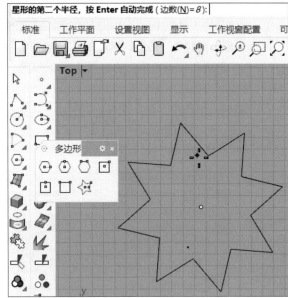

实战练习 绘制五星红旗

学习了绘制星形的相关操作后，下面我们将学习国旗的绘制方法，具体操作步骤如下。

步骤 01 首先打开"五星红旗绘制.3dm"素材文件，参考线已经提前绘制好，如右图所示。在进行操作前我们可以打开一张五星红旗的图片作为参考。

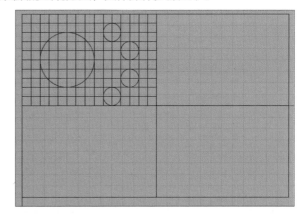

步骤 02 单击左侧工具栏中"多边形"工具右下角的三角按钮，弹出"多边形"工具面板，选择"多边形：星形"命令，如下左图所示。

步骤 03 操作此命令后，我们选择大圆的圆心作为五角星的中心点。在命令行中，输入星形的边数为数值5，选择与大圆的交点作为星形的角，如下右图所示。

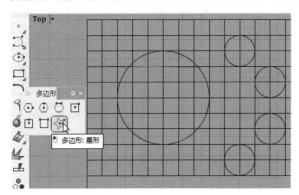
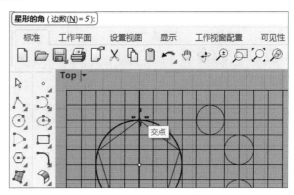

步骤 04 接着在命令行中输入星形的第二个半径值为91.6718mm，完成大五角星的绘制，如下左图所示。

步骤 05 再选择一个小圆，绘制内接正五边形，如下右图所示。

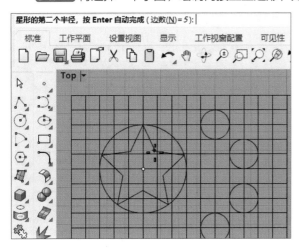
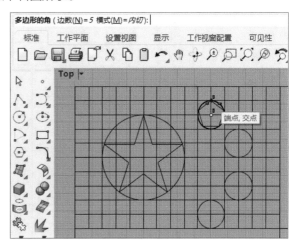

步骤06 两两绘制直线画出正五边形的角，如下左图所示。

步骤07 选择绘制的直线，在左侧工具栏选择"修剪"工具进行修剪，得到小五角星，并组合曲线，如下右图所示。

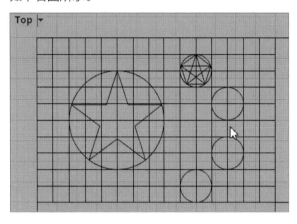

步骤08 在左侧工具栏选择"复制"工具，复制其余三个小五角星，如下左图所示。

步骤09 用直线命令，分别以大圆圆心和小圆圆心绘制四条直线，如下右图所示。

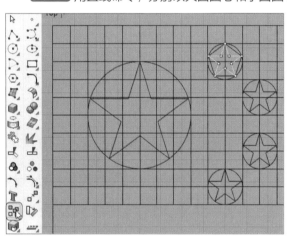
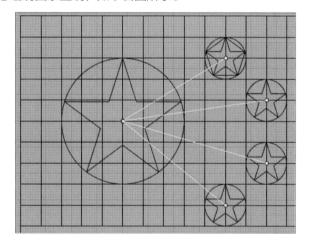

步骤10 在左侧工具栏中选择"旋转"工具，旋转小五角星，使其角指向大五角星的中心，效果如下左图所示。

步骤11 删除多余的参考线，国旗绘制完成，如下右图所示。

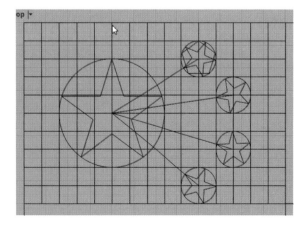
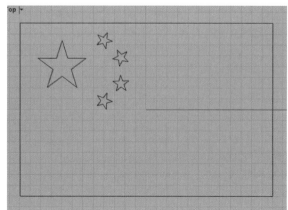

2.3.6 文字的创建

如果要在Rhino中创建文字，可以在左侧工具栏中选择"文字物件"工具，如下左图所示。或者在菜单栏中执行"实体>文字"命令，如下右图所示。

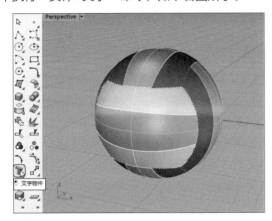
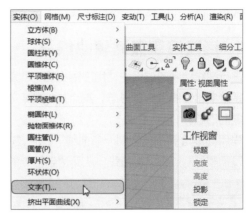

通过单击"文字物件"工具将打开"文本物件"对话框，如下左图所示。用户可以根据需要，在文本框中输入文字，选择文字的字体，设置文字的类型（曲线、曲面或实体），最后设置文字的高度，单击"确定"按钮完成设置，如下右图所示。

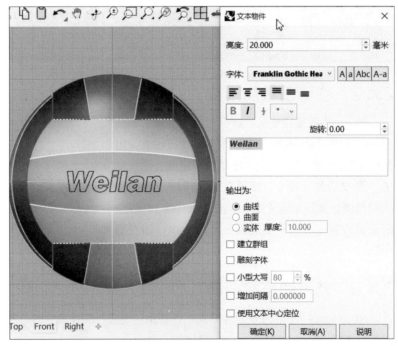

提示：字体的选择和群组

如果计算机中没有安装相应的字体，可以自行决定使用已有字体，或者在计算机上安装相应字体。在创建文字时，可以勾选"文本物件"对话框中的"建立群组"复选框，这样创建的文字曲线、文字曲面或文字实体将会进行群组，方便选取。

2.4 编辑曲线

曲线的编辑是建模的核心操作，也是决定模型质量的关键。合理地掌握编辑曲线的方法，有效地利用曲线的编辑工具，可以提高建模的能力。

2.4.1 通过控制点编辑曲线

在进行曲线绘制的过程中，用户很少能一次就将曲线绘制得非常精确，一般先绘制初始曲线，这个阶段主要是绘制出曲线的大概形态，重点是控制点的分布。然后再显示控制点，通过调整控制点来改变曲线达到所需的形态。

首先用曲线绘制工具绘制一条曲线，然后选择"显示物件控制点"命令，显示控制点，如下左图所示。通过调整控制点来编辑曲线，从而达到想要的状态，如下右图所示。

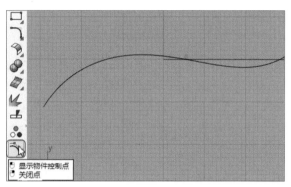
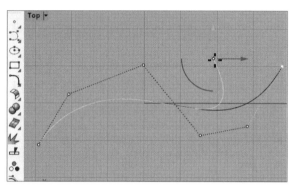

2.4.2 变更曲线的阶数

Rhino中改变曲线的阶数有专门的工具，单击左侧工具栏"曲线圆角"右下角的三角按钮，弹出曲线工具面板，选择需要更改阶数的曲线，这里单击"更改阶数"命令，接着在命令行输入曲线新的阶数值，按回车键（或者单击鼠标右键），曲线阶数更改完成，三阶曲线改为五阶曲线，如右图所示。

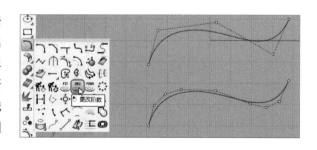

2.4.3 延伸和连接曲线

Rhino提供了多种曲线延伸方式，在使用"连接"曲线命令时，我们要注意观察命令行中的组合选项设置是否将连接后的曲线组合为一条曲线。

（1）延伸曲线

Rhino延伸曲线的方式有很多种，用户可单击左侧工具栏的"曲线圆角"工具右下角的三角按钮，弹出曲线工具面板，如下页左图所示。接着找到"延伸曲线"工具，单击右下角的三角按钮，弹出"延伸"面板，如下页中图所示。在扩展面板中选择所需要的延伸命令，进行曲线的延伸。也可以在菜单栏中执行"曲线>延伸曲线"命令，然后在子菜单中选择所需命令进行曲线的延伸，如下页右图所示。

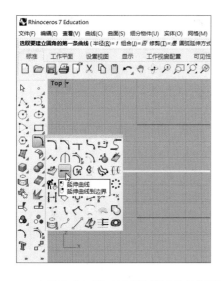

下面对左侧工具栏延伸工具扩展面板中相关延伸曲线常用的命令应用进行介绍，具体如下。

第一种：延伸曲线。

首先在左侧工具栏中选择"延伸曲线"工具，如下左图所示。选择需要延伸的曲线，在绘图区选择需要延长到的位置或直接在命令行输入延长的值，按回车键（或单击鼠标右键），完成曲线延伸，如下右图所示。

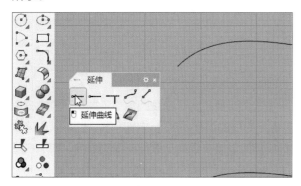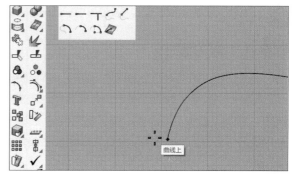

第二种：延伸曲线到边界。

在左侧工具栏中选择"延伸曲线到边界"工具，如下左图所示。选择边界物件（椭圆），按回车键确认（或单击鼠标右键），然后在曲线上需要延伸的一侧单击鼠标左键，完成曲线延伸，如下右图所示。

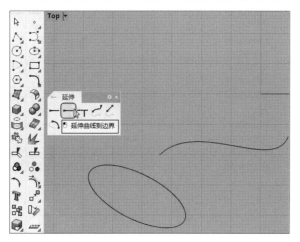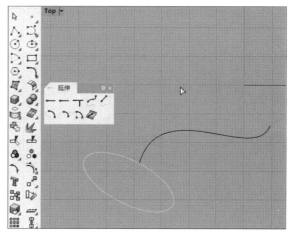

（2）连接曲线

　　如果想要让两条曲线延长后端点相接，可以在左侧工具栏中选择"连接"曲线工具，如下左图所示。启用该工具后，依次选择两条需要连接的曲线，连接时曲线会自动修剪，如下右图所示。

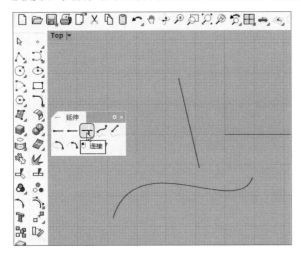 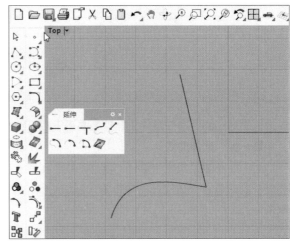

2.4.4　混接曲线

　　前面介绍了如何对两个曲线进行连接，本节将学习如何在两条曲线间进行混接。

　　Rhino中混接两条曲线的方式有很多种，用户可以单击左侧工具栏的"曲线圆角"工具右下角的三角按钮，将弹出曲线工具面板，选择所需要的混接命令，进行曲线的混接，如下左图所示。也可以在菜单栏中执行"曲线>混接曲线"命令，然后在子菜单中选择所需的混接曲线命令进行曲线的混接，如下右图所示。

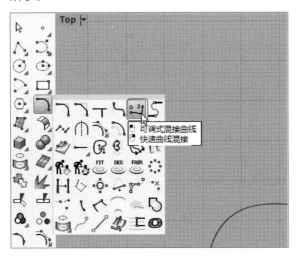 

下面对左侧工具栏延伸工具扩展面板中相关混接曲线常用命令的应用进行介绍，具体如下。

第一种：可调式混接曲线。

用户单击此命令后，如下左图所示。分别选取两条曲线需要衔接的位置，此时将显示出带有控制点的混接曲线（可调节），同时将打开"调整曲线混接"对话框，选择两条混接曲线的连续性方式（选择有：位置、正切、曲率、G3、G4），确定完连续方式后，单击"确定"按钮，完成混接曲线，如下右图所示。

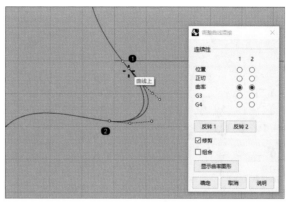

第二种：弧形混接曲线。

用户单击"弧形混接"命令后，如下左图所示。依次单击选择两条曲线需要混接的端点位置，按回车键确认（或单击鼠标右键），调整圆弧控制到需要的位置，按回车键确认（或单击鼠标右键），完成弧形混接，如下右图所示。

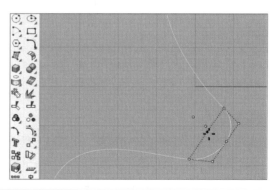

> **提示：曲线与曲面连续性**
>
> G0（位置）、G1（正切）、G2（曲率）、G3、G4是描述曲面、曲线的连续方式，表示平滑程度的等级，级别越高，其连续性、平滑度越好，如下图所示。
>
>
>
> 从上图可以直观地看到，G0、G1的曲率图形与G2、G3、G4的曲率图形之间有明显的变化。但是G2、G3、G4这三种混接模式的曲率图形变化非常小，不易察觉。G2、G3、G4之间的区别主要在混接曲线端点控制点个数的不同，从上图中可以看到G2混接曲线的端点控制点为3个，G3混接曲线的端点控制点为4个，G4混接曲线的端点控制点为5个。对工业产品建模而言，G2连续的曲线基本可以满足创建光顺面要求，通常连续用G4的极少。

2.4.5 重建曲线

曲线建模的一个重要原则是：曲线的控制点越精简越好，控制点的分布越均匀越好。所以在建模时，需要对一些比较复杂的曲线进行优化。

用户可以单击左侧工具栏的"曲线圆角"工具右下角的三角按钮，弹出曲线工具扩展面板，选择"重建曲线"工具，如下左图所示。选择需要重建的曲线，按回车键（或者单击鼠标右键）确定，弹出"重建"对话框，设置曲线的"点数"和"阶数"值后，单击"确定"按钮完成重建曲线，如下右图所示。

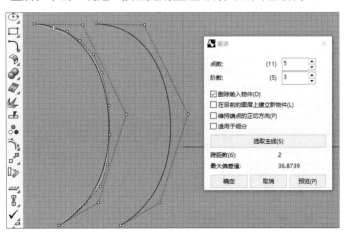

> **提示：曲线的点数和阶数**
>
> 重建曲线时，重建后点数越高越接近原曲线，阶数越高越顺滑。

2.4.6 曲线倒角

在Rhino中，曲线倒角分为圆角和斜角两种方式。曲线圆角是指在两条曲线的交会处以圆弧建立过渡曲线，曲线斜角则是在两条曲线之间以一条直线过渡曲线。

（1）曲线圆角

用户可以单击左侧工具栏的"曲线圆角"工具右下角三角按钮，弹出曲线工具扩展面板，选择"曲线圆角"工具，如下左图所示。选择要建立圆角的第一条曲线，在命令行输入圆角的半径值，如下中图所示。接着选取要建立圆角的第二条曲线，按回车键（或者单击鼠标右键）确定，完成倒圆角，如下右图所示。

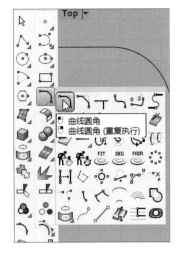

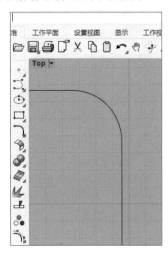

（2）曲线斜角

用户可以单击左侧工具栏的"曲线圆角"工具右下角三角按钮，弹出曲线工具扩展面板，选择"曲线斜角"工具，如下左图所示。选择要建立斜角的第一条曲线，在命令行输入斜角的距离值，如下中图所示。接着选取要建立圆角的第二条曲线，按回车键（或者单击鼠标右键）确定操作，如下右图所示。

  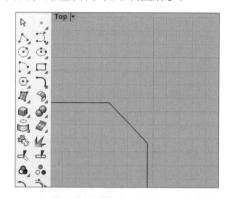

提示：关于不等距斜角的操作

在右图中，当需要曲线斜角为两个不同的值时，选择"曲线斜角"工具后，在命令行里输入第一个斜角距离，按回车键，接着在命令行里输入第二个斜角的距离，按回车键。这时需要注意的是，两条需要建立斜角的曲线选择顺序，选择第一条曲线对应第一个斜角距离，第二条曲线对应第二个斜角距离。

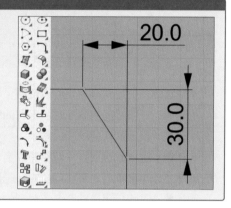

2.4.7　偏移曲线

偏移曲线是指通过指定的距离或指定的点，在选择对象的一侧生成新的对象。偏移可以是等距离复制图形，比如偏移开放曲线。也可以是放大或缩小图形，比如偏移闭合曲线。

用户可以单击左侧工具栏的"曲线圆角"工具右下角三角按钮，弹出曲线工具扩展面板，选择"偏移曲线"工具，如下左图所示。选择要偏移的曲线，在命令行输入偏移的距离值，按回车键（或者单击鼠标右键）确定，完成曲线偏移，如下右图所示。

 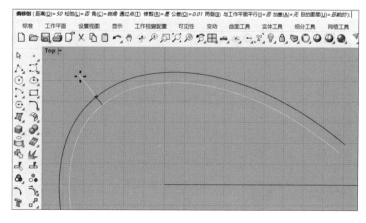

偏移曲线时，在命令行中可以更改偏移曲线的相关数据以及偏移的方式和形态等，用户可根据建模需求进行调节，如下图所示。

> 偏移侧 (距离(D)= 50 松弛(L)= 否 角(C)= 锐角 通过点(I) 修剪(R)= 是 公差(Q)= 0.01
> 两侧(B) 与工作平面平行(I)= 否 加盖(A)= 无 目的图层(U)= 目前的):

下面将对"偏移曲线"命令行中各主要参数的含义进行介绍，具体如下。

- **距离**：设定偏移曲线的距离。
- **松弛**：偏移后的曲线与原曲线有相同的控制点，类似于通过缩放产生的曲线。
- **角**：当曲线中有角时，设置角如何偏移，有"锐角""圆角""平滑""斜角"四个选项，其中"平滑"指在相邻的偏移线段间建立连续性为G1的混接曲线，如下图所示。

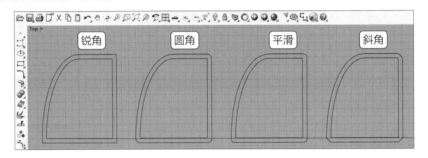

- **通过点**：指定偏移曲线的通过点，而不要再使用设置的偏移距离。
- **修剪**：一般是向内偏移时会出现曲线交叉的情况，启用修剪功能，会自动修剪掉交叉位置。
- **公差**：设置偏移曲线的公差。
- **两侧**：选择此选项后，偏移曲线会沿两侧偏移相同的距离。
- **与工作平面平行**：偏移后的曲线与原曲线平面平行。
- **加盖**：选择后可以在两条不封闭的曲线间加平头或圆头盖。
- **目的图层**：选择偏移曲线的图层状态。

实战练习 *绘制保龄球截面曲线*

学习了曲线的基本编辑工具后，下面将介绍如何创建一个保龄球的截面曲线，具体操作步骤如下。

步骤 01 首先打开"保龄球截面绘制.3dm"素材文件，背景图已经提前插入，如下左图所示。

步骤 02 在左侧工具栏中选择控制点曲线工具，沿着保龄球的外轮廓描线，第一遍不一定要描得特别完美，可以描完后通过控制点调控，描完后的曲线如下右图所示。

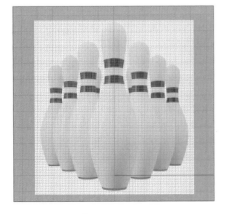
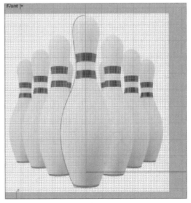

步骤 03 保龄球有一定的厚度，这里我们需要用到"偏移曲线"工具。在左侧工具栏中的"曲线圆角"扩展面板中选择"偏移曲线"工具，在命令行中设置偏移值为5，按下回车键确认操作，如下左图所示。

步骤 04 然后执行"旋转成型"操作，最后的成品效果，如下右图所示。

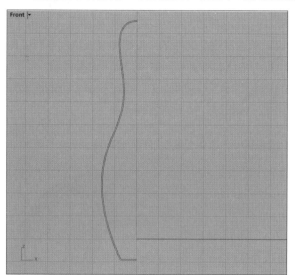

提示：偏移曲线要适当

注意，当偏移曲线的距离过大时，偏移曲线可能会出现自交的情况。此外，偏移曲线有时会自动增加偏移后的曲线的控制点数目。

2.4.8 修剪和分割曲线

修剪和分割曲线涉及工具栏中修剪工具和分割工具，修剪与分割曲线只是两个工具功能的一部分，用户还能对曲面和实体等进行修剪和分割，下面介绍对曲线进行修剪和分割的相关操作。

修剪曲线的具体操作为：首先有两条交会的曲线，然后选择左侧工具栏中"修剪"命令，按照命令行的提示选取切割物件，按下回车键（或单击鼠标右键），选取要修剪的物件，此时以选取的切割用物件为分界线，选中的部分会被删掉，如下左图所示。

分割曲线的具体操作为：首先选择左侧工具栏中"分割"命令，然后按照命令行的提示选取要分割的物件，按下回车键（或单击鼠标右键），接着选取分割用物件，按下回车键（或单击鼠标右键）。此时以选取的分割用物件为分界线，选取的要分割的物件将被分割成两部分，如下右图所示。

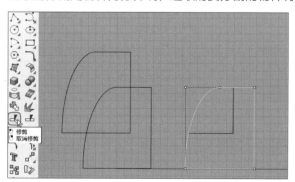
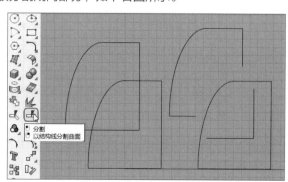

2.4.9 投影曲线

在建模时，经常需要在曲面对象上加入徽标或者按钮，此时用户可以在曲面上投影生成曲线，以此来确定其位置和造型特点。Rhino在曲面上投影生成曲线的工具有"投影至曲面"工具 和"将曲线拉至曲面"工具 。

下面打开素材文件"排球-制作logo.3dm"，用户可以单击左侧工具栏的"投影曲线或控制点"工具右下角三角按钮，弹出"从物件建立曲线"面板，选择"投影曲线或控制点"命令，如下左图所示。

选择需要投影的曲线或物件，Rhino默认的投影方向是垂直于工作平面z的，这时在命令行把投影方向改为自定义，接着选取需要投影的面和投影的方向，完成曲线投影，如下右图所示。

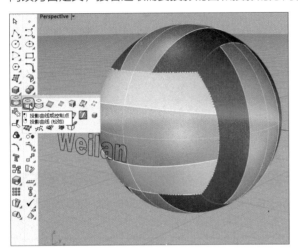 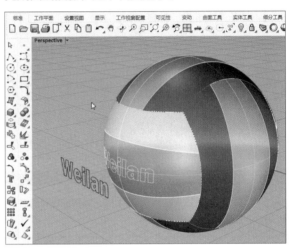

使用"将曲线拉至曲面"工具时，首先要确定有个需要曲线拉至的曲面，然后使用与"投影至曲面"工具相同的方法进行操作即可。

2.4.10 复制曲线

提取曲线在Rhino建模中具有很大的作用，是一个非常实用的功能。Rhino 7提供了复制边缘、复制边框、复制面的边框、抽离结构线等形式的提取曲线，用户可以在左侧工具栏"投影曲线或控制点"扩展面板的"从物件建立曲线"面板中选择相应的命令，如下左图所示。或者执行菜单栏"曲线>从物件建立曲线"子菜单中的命令进行曲线的复制，如下中图、下右图所示。

 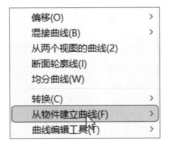 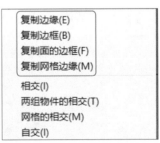

下面对"从物件建立曲线"扩展面板中曲线复制工具的应用进行介绍，具体如下。

● **复制边缘工具**：通过复制物件的边缘来提取曲线。具体操作方式为：首先选择该工具，如下页左图所示。根据命令行提示选取要复制的边缘，按下回车键（或单击鼠标右键），完成复制曲线，如下页右图所示。

 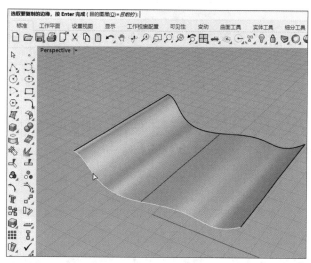

- **复制边框工具**：通过复制物件的边框来提取曲线。具体操作方式和复制边缘工具相似，不同之处在于根据命令行提示选择需要复制边框的面，这里就不一一列举了。
- **抽离结构线工具**：线是由无数个点组成，同样面是由无数条相交的结构线组成，抽离结构线工具通过复制面的结构线来复制曲线。具体操作为：首先选择该工具，如下左图所示。根据命令行提示选择需要抽离结构线的物件。可根据需要选择命令行中抽离结构线的方向，如果不是自己需要的结构线方向，可单击切换命令，结构线的方向就会随之改变，按下回车键（或单击鼠标右键）完成抽离结构线操作，如下右图所示。

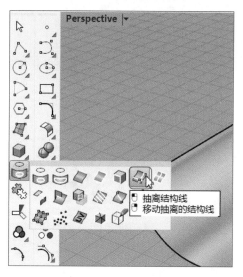 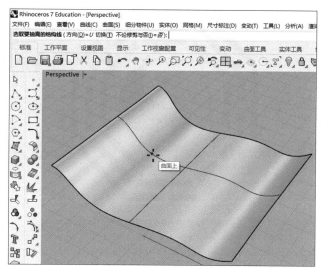

 知识延伸：提取曲面的交线

　　如果要从两个曲面相交的位置来提取一条曲线或从两条曲线的交点来提取一个点，可以使用"物件相交"工具，如下页左图所示。"物件相交"工具的使用方法比较简单，选择该工具后，再选择相交的两个物件，然后按下回车键（或单击鼠标右键），即可完成提取操作，如下页右图所示。

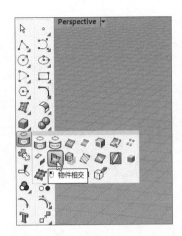
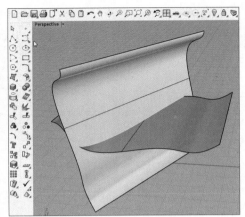

上机实训：绘制八卦图案

在学习了如何使用Rhino 7编辑曲线工具的相关知识后，下面以绘制一个八卦图为例，介绍圆的绘制、曲线的修剪、正八边形的绘制以及物件的镜像和阵列方法，具体步骤如下。

步骤 01 首先打开"八卦图案绘制.3dm"素材文件，在进行操作前先看一下八卦图，如下左图所示。

步骤 02 以坐标原点为圆心，绘制一个直径为1400mm的圆，如下右图所示。

扫码看视频

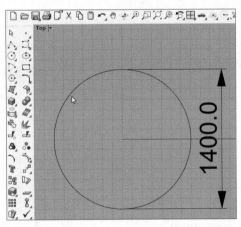

步骤 03 以直径绘圆，两个点分别选择坐标原点和圆的四分点，如右图所示。

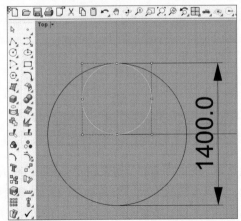

步骤 04 偏移刚刚用直径绘制的圆，偏移距离为260mm，如下左图所示。

步骤 05 以坐标原点为中心，绘制一个外切半径为900mm的正八边形（在命令行中，模式选择为外切，输入值为900），按回车键（或单击鼠标右键）确定，如下中图所示。

步骤 06 将刚刚绘制的八边形依次向外偏移五次，偏移距离为100mm，如下右图所示。

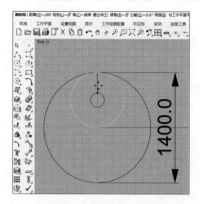 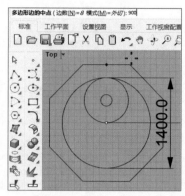 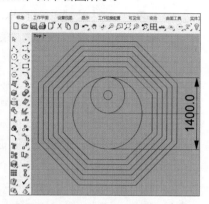

步骤 07 绘制一条以坐标原点为端点、垂直于x轴的直线，并向两侧偏移出50mm的两条直线，如下左图所示。

步骤 08 以坐标原点为中心阵列直线，阵列数为16，如下右图所示。

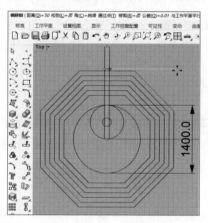 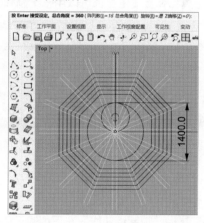

步骤 09 以x轴为镜像轴，镜像步骤04偏移的圆（小圆）和步骤03用直径绘制圆命令绘制的圆（大圆），如下左图所示。

步骤 10 运用修剪和分割曲线工具，按照示例图，完成修剪，效果如下右图所示。

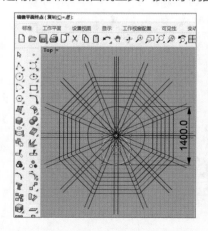 

课后练习

一、选择题

（1）在Rhino 7中绘制切线至少需要（　　　）以上的原始曲线。

  A. 1条   B. 2条   C. 3条   D. 4条

（2）在Rhino 7中，多边形创立外切模式的半径是（　　　）。

  A. 外切圆   B. 内切圆   C. 外接圆   D. 内接圆

（3）在Rhino 7中，对物件进行编辑后，除了按回车键确认操作，还可以单击（　　　）。

  A. 鼠标中键   B. 鼠标右键   C. 鼠标左键   D. 空格键

（4）在Rhino 7中，运用G2混接曲线时端点控制点为（　　　）。

  A. 1个   B. 3个   C. 4个   D. 5个

二、填空题

（1）在Rhino 7中，曲线的连续性分为：位置、_____、_____、G3和G4五种方式。

（2）在Rhino 7中，椭圆可以通过_____、_____、_____和_____四个条件创建。

（3）螺旋线工具和弹簧线工具都可以用于绘制螺旋线，不同之处在于螺旋线工具绘制的螺旋线前后半径_____，弹簧线工具绘制的螺旋线前后半径_____。

（4）在Rhino 7中，偏移曲线要适当，当偏移曲线的距离过_____时，偏移曲线可能会出现自交的情况。

三、上机题

  通过本章内容的学习，相信大家已经可以熟练掌握曲线的编辑和修改操作。下面我们利用本章所学的知识创建一个螺丝钉的螺纹线，设置直径为4mm、圈数为20，对所学知识进行巩固。

操作提示

① 首先打开素材文件"螺丝钉.3dm"。

② 单击左侧工具栏"控制点曲线"右下角的三角按钮，弹出曲线工具面板，找到"弹簧线"工具，如下左图所示。

③ 选择螺旋线轴的起点和终点，在命令行中输入螺旋线直径值为4mm，单击圈数并输入值为20，效果如下右图所示。

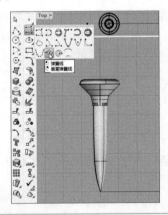
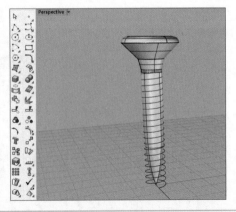

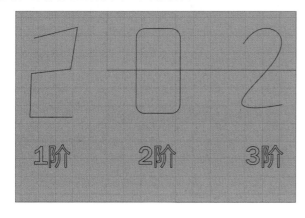

第3章 曲面建模

本章概述

本章将学习使用Rhino软件进行曲面创建的基本方法、曲面编辑的操作方法、曲面的连续性检查，以及影响曲面的关键因素等内容。通过对本章内容的学习，将为后面学习实体建模起到关键的铺垫作用。

核心知识点

① 了解影响曲面的关键因素
② 掌握创建曲面的基本方法
③ 掌握曲面的连续性检查
④ 掌握曲面的编辑操作

3.1 影响曲面的关键因素

曲面是由点和线构成的，曲线的质量直接影响其构建的面的质量，下面我们一起来详细了解创建曲面的5大关键因素。

3.1.1 控制点

曲面的控制点和曲面的密切关系，主要体现在控制点的数目、位置以及权重上，不同控制点的数目会有不同阶数的曲面。曲线的阶数直接影响挤出成曲面后的效果。下左图为一阶、二阶、三阶曲线。它们分别被挤出曲面后的效果，如下右图所示。

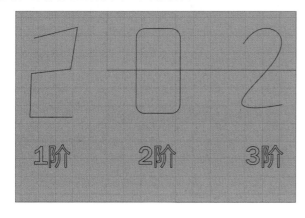

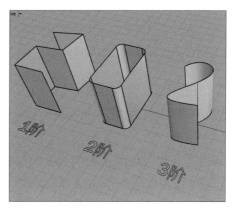

3.1.2 ISO线条

曲面的ISO线条就是曲面的结构线。在右图的曲面上，黑色线段就是曲面的ISO线条。

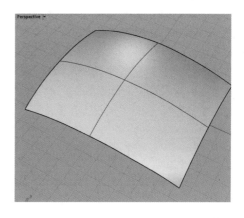

增加曲面的控制点会相应地增加曲面的ISO线条，我们在上图的曲面上增加一排控制点，如下左图所示。接着组合成曲面，相对应的ISO曲线也会增加，如下右图所示。同理，要减少ISO线条，也就是减少曲面的控制点。

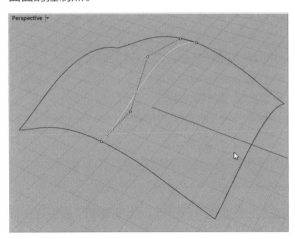
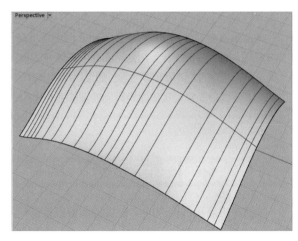

3.1.3　曲面的边

曲面的边是构成曲面的基本要素，而边线的调节是曲面成形的一个关键。合理地调节曲面的边线、有效地利用曲面的边线再造曲面是Rhino曲面建模不可忽视的常用手法。

3.1.4　权值

曲面控制点的权值是控制点对曲面的牵引力，权重值越高，曲面会越接近控制点。改变控制点权值的相关内容将在本书编辑曲面章节具体介绍。

3.1.5　曲面的方向

曲面的方向会影响建立曲面和布尔运算的结果，每个曲面其实都具有矩形的结构。

要在Rhino中显示曲面的方向，首先单击左侧工具栏"曲面圆角"工具右下角三角按钮，打开曲面工具扩展面板，找到"显示物件方向"命令，就可以看出曲面的方向，如下左图所示。假如一个面的方向不是我们需要的，可以直接在曲面工具扩展面板中找到"反转方向"命令，这样曲面的方向就会改变，如下右图所示。

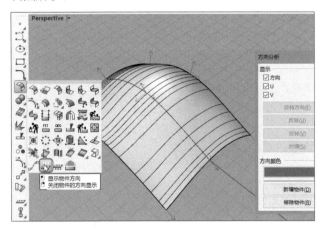
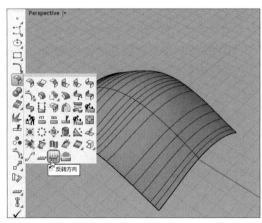

3.2 创建曲面

了解曲面的关键因素之后，本节将学习如何创建曲面。我们以点、线、挤出、旋转、扫掠、放样、嵌面等建面方法分别介绍曲面的绘制。

3.2.1 由点建面

通过点来构造面是最基础的方式，Rhino提供了多个创建工具，如下图所示。

（1）通过三个点或四个点建立曲面

在左侧工具栏，单击使用"指定三或四个角建立曲面"工具 ◪，创建三角形面时，依次指定曲面的3个角点，再按回车键即可。创建四角形面时，依次指定曲面的4个角点，命令会自动结束。需要注意的是，创建的三角形曲面必然位于同一平面内，但四角形曲面可以位于不同的曲面内，如右图所示。

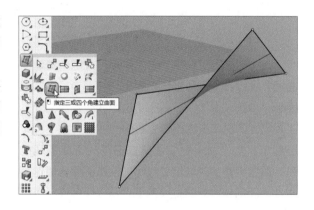

（2）建立矩形平面

建立矩形平面有多种方式，区别在于选择"角""点"的方式不同，这里我们就介绍一种。

建立矩形平面时，首先在左侧工具栏单击"指定三或四个角建立曲面"命令右下三角按钮，弹出"平面"扩展面板，这里单击"矩形平面：角对角"工具 ▦，在绘图区域指定一个角点，紧接着指定对角点，矩形平面就绘制完成了，如右图所示。

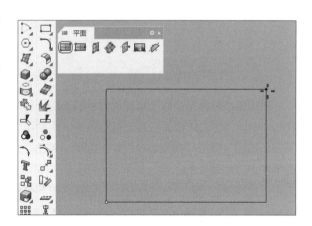

3.2.2 由边建面

通过边线来创建曲面的工具主要有两个，下面我们来分别介绍。

（1）以封闭曲线建立曲面

当我们要以封闭曲线建立曲面时，首先在左侧工具栏单击"指定三或四个角建立曲面"命令右下三角按钮，弹出"曲面边栏"扩展面板，单击"以平面曲线建立曲面"工具 ◎，框选曲线并按回车键完成，如下页左图所示。需要注意的是，如果曲线有重叠的部分，那么每条曲线都会建立一个平面，如下页中图所示。此外，如果一条曲线完全位于另一条曲线内部，该曲线会被当成洞的边界，如下页右图所示。

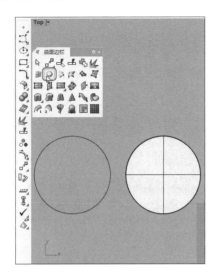
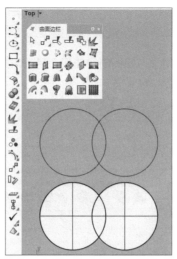
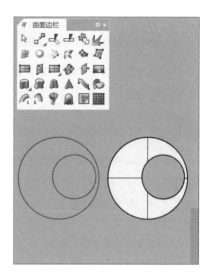

（2）以二、三或四个边缘曲线建立曲面

首先在左侧工具栏单击"指定三或四个角建立曲面"命令右下三角按钮，弹出"曲面边栏"扩展面板，单击"以二、三或四个边缘曲线建立曲面"工具，依次单击需要建立曲面的曲线，按下回车键即可。与"以平面曲线建立曲面"工具不同的是，后者创建的是满足"封闭"且是平面环境这一条件，而前者的创建必须满足"开放"条件，可以不是平面环境，如右图所示。

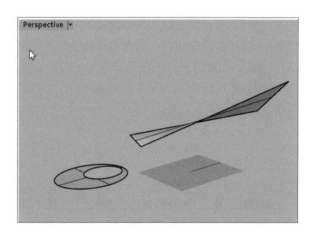

3.2.3 挤出曲线建面

挤出曲线建面是多数三维建模软件具有的一种功能，它的基本原理就是朝一个方向进行直线拉伸。在Rhino中，挤出曲线建面的方法有很多种，用户可以单击左侧工具栏"指定三或四个角建立曲面"命令右下三角按钮，弹出"曲面边栏"扩展面板，单击"直线挤出"命令右下三角按钮，在弹出的"挤出"扩展面板中选择所需要的工具，如下左图所示。也可以在菜单栏中执行"曲面>挤出曲线"命令，然后在子菜单中选择所需的绘制命令进行曲面的创建，如下右图所示。

下面对"挤出"扩展面板中相关挤出曲线建面命令的应用进行介绍，具体如下。

"直线挤出"命令 ：用于将曲线往单一方向挤出来建面。操作方式为：执行该命令后，根据命令行提示选取要挤出的曲线，如下左图所示。按下回车键（或单击鼠标右键），在命令行中输入需要挤出的长度值，按下回车键（或单击鼠标右键）完成挤出曲线建面操作，如下右图所示。

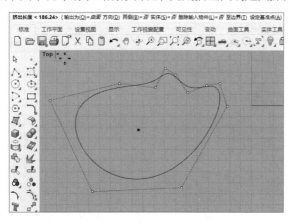 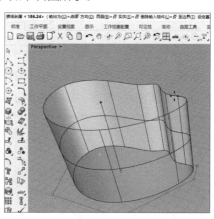

选择需要挤出的曲线后，命令行的相关选项如下图所示。

挤出长度 < 771.68> （输出为(O)=曲面 方向(D) 两侧(B)=否 实体(S)=否 删除输入物件(L)=否 至边界(T) 设定基准点(A) ）:

下面对相关命令选项的含义进行介绍，具体如下。

- **输出为**：单击此选项，选择输出为曲面或者输出为细分物件。
- **方向**：通过指定两个点，定义挤压方向。
- **两侧**：将曲线向两侧挤压。
- **实体**：如果设置为"是"，挤出的曲线是封闭状态，那么挤出的将是实体模型。
- **删除输入物件**：如果设置为"是"，那么挤压生成曲面或实体后，原始曲线将被删除。删除输入物件会导致无法记录建构历史。
- **至边界**：挤出至边界的曲面。
- **设定基准点**：指定一个点，这个点是以两个点设定挤出距离的第一点。

"沿曲线挤出曲面"命令 ：用于将曲线沿着另一条曲线路径挤出来建面。操作方式为：执行该命令后，根据命令行提示选取要挤出的曲线，如下左图所示。按下回车键（或单击鼠标右键），然后选取路径曲线，按下回车键（或单击鼠标右键）完成挤出曲线建面操作，如下右图所示。

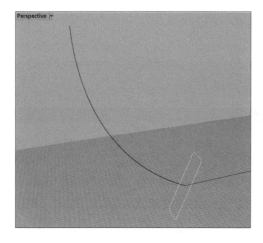 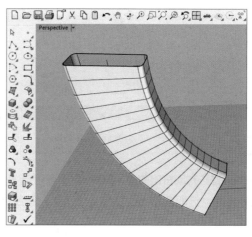

提示：挤出曲线注意事项

● 挤出非平面曲线时，工作视窗的工作平面 z 轴为预设的挤出方向。

● 挤出平面曲线时，与曲线平面垂直方向为预设的挤出方向。

● 如果输入的是非平面多重曲线，或是平面的多重曲线但挤出的方向未与曲线平面垂直，建立的会是多重曲面而非挤出物件。

"挤出至点"命令 ：用于将曲线往单一方向挤出至一点，建立锥状面。操作方式为：执行该命令后，根据命令行提示选取要挤出的曲线，如下左图所示。按下回车键（或单击鼠标右键），然后指定目标点，按下回车键（或单击鼠标右键）完成挤出曲线建面操作，如下右图所示。

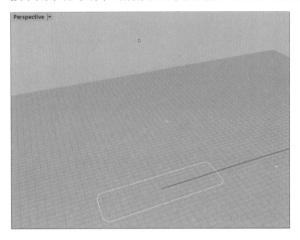
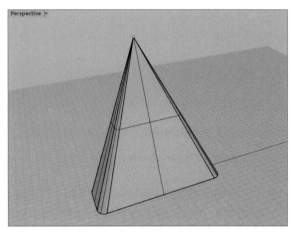

"彩带"命令 ：用于偏移曲线，并在两条曲线之间建立规则曲面。操作方式为：执行该命令后，根据命令行提示选取要建立彩带的曲线，如下左图所示。按下回车键（或单击鼠标右键），然后选择偏移方向，接着在命令行中设置偏移的距离，按下回车键（或单击鼠标右键）完成挤出曲线建面操作，如下右图所示。

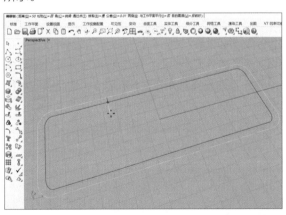
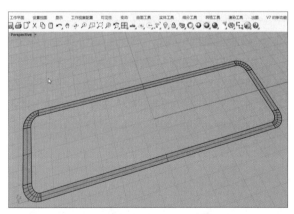

提示："彩带"命令使用场景

"彩带"命令一般适合在做分型线的厚度时使用。

"往曲面法线方向挤出曲面"命令 ：用于挤出曲面上的曲线，并沿着法线方向挤出曲面。操作方式为：执行该命令后，选取曲面上的曲线，如下页左图所示。按下回车键（或单击鼠标右键），然后选取基底曲

面，接着在命令行中设置偏移的距离，按下回车键（或单击鼠标右键）完成挤出曲线建面操作，如下右图所示。

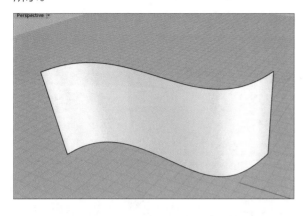
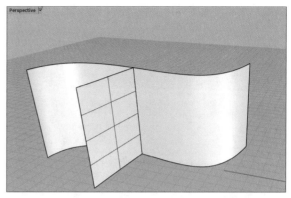

"挤出曲线成锥状"命令 ：用于将曲线往单一方向挤出带锥状的曲面。操作方式为：执行该命令后，根据命令行提示选取要挤出的曲线，如下左图所示。按下回车键（或单击鼠标右键），在命令行中输入需要挤出的长度值，输入拔模角度值，选择拔模方向，按下回车键（或单击鼠标右键）完成挤出曲线建面操作，如下右图所示。

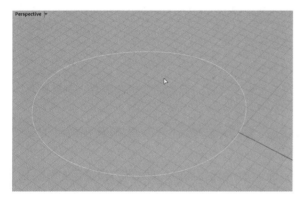
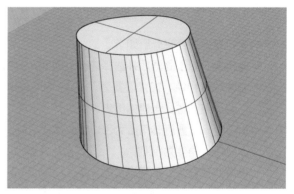

3.2.4 旋转成形/沿着路径旋转建面

旋转成形是曲面建模较常用的一种成形方式，应用范围广泛，其建面原理就是将曲线围绕旋转轴旋转而成。用户可以单击左侧工具栏"指定三或四个角建立曲面"命令右下三角按钮，弹出"曲面边栏"扩展面板，"旋转成形"命令和"沿着路径旋转"命令为同一个图标，左键单击"旋转成形"，如要选择"沿着路径旋转"则需要右键单击，如下左图所示。用户也可以在菜单栏中执行"曲面>旋转"命令，如下右图所示。

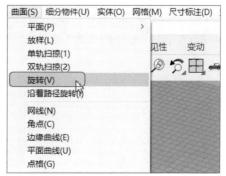

"旋转成形"命令：以一条轮廓曲线绕着旋转轴旋转建立曲面。操作方式为：执行该命令后，选取要旋转的曲线，如下左图所示。按下回车键（或单击鼠标右键），然后指定旋转轴，在命令行中输入起始角度值，接着输入旋转角度值，按下回车键（或单击鼠标右键）完成旋转成形操作，如下右图所示。

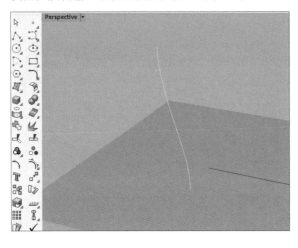 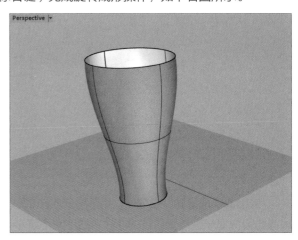

选择"旋转成形"命令对曲线进行创建曲面时，将看到命令行的选项，如下图所示。

旋转角度 <277.784> (输出为(O)=*曲面* 删除输入物件(D)=*否* 360度(F) 设置起始角度(A)=*否* 分割正切点(S)=*否* 可塑形的(R)=*否*):

命令行各选项含义介绍如下。

- **输出为**：单击此选项并选择输出为曲面，或者输出为细分物件。
- **删除输入物件**：如果设置为"是"，那么挤压生成曲面或实体后，原始曲线将被删除。删除输入物件会导致无法记录建构历史。
- **360度**：设置旋转角度为360度，而不必输入角度值。使用该选项后，下次再执行这个指令时，预设的旋转角度为360度。
- **设置起始角度**：如果设置为"是"，则允许设置旋转的起始角度（从输入曲线的位置算起的角度）。若设置为"否"，则从0度（从输入曲线位置）开始旋转。
- **分割正切点**：如果设置为"是"，则建立单一曲面。如果设置为"否"选项，则会在线段与线段正切顶点，将建立的曲面分割成多重曲面。
- **可塑形的**：如果设置为"是"，则重建旋转成形曲面的环绕方向为三阶，为非有理（Non-Rational）曲面，这样的曲面在编辑控制点时可以平滑地变形。如果设置为"否"，则以正圆旋转建立曲面，建立的曲面为有理（Rational）曲面，这个曲面的四分点的位置是完全重数节点，这样的曲面在编辑控制点时可能会产生锐边。

"沿着路径旋转"命令：以一条轮廓曲线沿着一条路径曲线，同时绕着中心轴旋转建立曲面。操作方式为：执行该命令后，选取要旋转的曲线，如下页左图所示。按下回车键（或单击鼠标右键），然后选取路径曲线，以两点确定旋转轴，按下回车键（或单击鼠标右键）完成旋转成形操作，如下页右图所示。

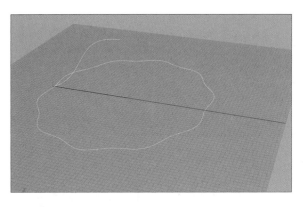
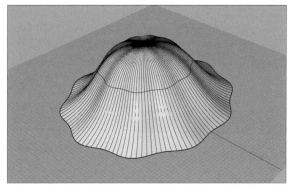

实战练习 美式台灯建模

学习了"沿着路径旋转"工具的相关操作后，下面将以创建一个美式台灯的模型为例来进行练习，具体操作步骤如下。

步骤 01 首先打开"美式台灯.3dm"素材文件，背景图已经提前插入，如下左图所示。

步骤 02 在左侧工具栏中选择"控制点曲线"命令，沿着台灯的外轮廓描线，第一遍不一定要描得特别完美，可以描完后通过控制点调控。描完后的曲线，如下右图所示。

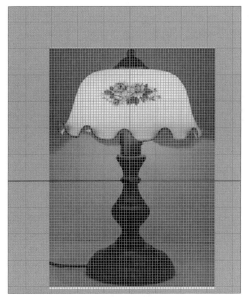
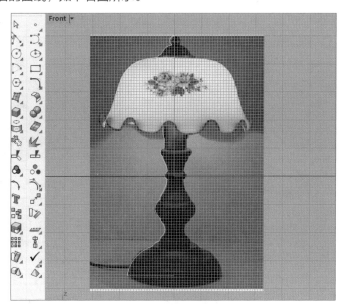

步骤 03 先创建台灯的灯体部分，这里需要用到"旋转成形"命令。首先单击左侧工具栏中"指定三或四个角建立曲面"右下三角按钮，在弹出的"曲面边栏"扩展面板中选择"旋转成形"命令，按下回车键确认操作，如下页左图所示。

步骤 04 接着创建灯罩部分，先画一个台灯轮廓线底端，且与 xy 平面平行的圆，然后以这个圆为环绕曲线，作一个直径为30mm的弹簧线，如下页右图所示。

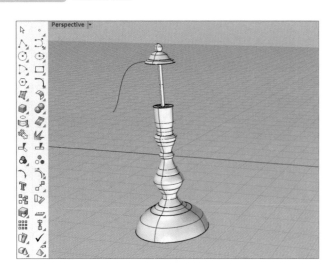
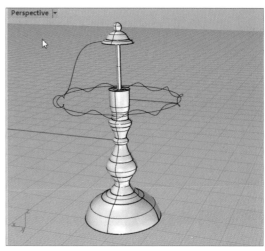

步骤05 单击左侧工具栏"指定三或四个角建立曲面"右下三角按钮，弹出"曲面边栏"扩展面板，单击"挤出"右下三角按钮，弹出"挤出"扩展面板，选择"彩带"命令，选择弹簧线，在命令行选择两侧偏移，偏移值为20mm，按回车键完成，如下左图所示。

步骤06 单击左侧工具栏"指定三或四个角建立曲面"右下三角按钮，弹出"曲面边栏"扩展面板，选择"挤出"命令，挤出刚刚画的圆，如下中图所示。

步骤07 单击左侧工具栏"投影曲线或控制点"右下三角按钮，弹出"从物件建立曲线"扩展面板，选择"物件相交"命令，选择两个面，得到相交曲线，隐藏不必要的曲线，如下右图所示。

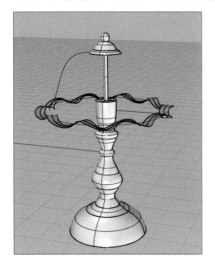
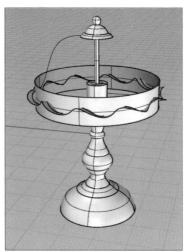
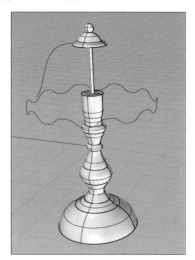

步骤08 单击左侧工具栏"指定三或四个角建立曲面"右下三角按钮，弹出"曲面边栏"扩展面板，右键单击"旋转成形"命令，然后选取要旋转的曲线，如下页左图所示。按下回车键（或单击鼠标右键），然后选取路径曲线，以两点确定旋转轴，按下回车键（或单击鼠标右键）完成旋转成形操作，如下页中图所示。

步骤09 然后对台灯造型进行渲染，最终效果如下页右图所示。

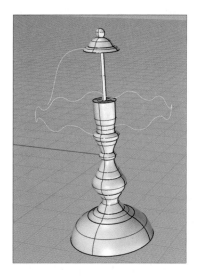  

3.2.5 单轨扫掠建面

单轨扫掠也称作一轨放样，是一种简单而又常用的成形方法。通过单轨扫掠方式建立曲面至少需要两条曲线，一条为路径曲线，定义了曲面的边。另一条为断面曲线，定义了曲面的横截面（可以有多个横截面），如下图所示。

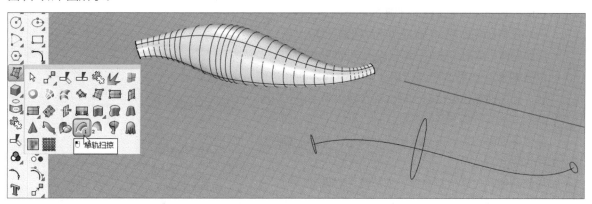

用户可以在左侧工具栏单击"指定三或四个角建立曲面"命令右下三角按钮，弹出"曲面边栏"扩展面板，选择"单轨扫掠"命令，如下左图所示。也可以在菜单栏中执行"曲面>单轨扫掠"命令，如下右图所示。

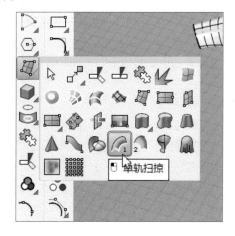 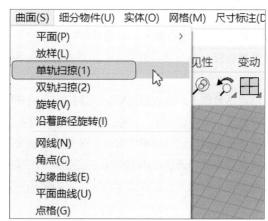

"**单轨扫掠**"命令：以一条曲线为路径，以另一条曲线为断面曲线（断面曲线可以是多个）的成形方法。操作方式为：执行该命令后，选取一条曲线为路径，如下左图所示。然后依次选取断面曲线，按下回车键（或单击鼠标右键），此时会弹出"单轨扫掠选项"对话框，用户可以根据需要进行相关参数设置，然后单击"确定"按钮，完成单轨扫掠成形操作，如下右图所示。

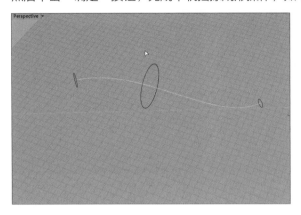
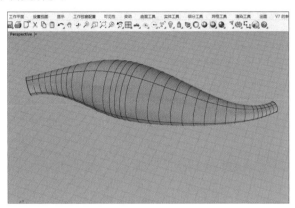

下面对"单轨扫掠选项"对话框中各参数的含义进行介绍，具体如下。

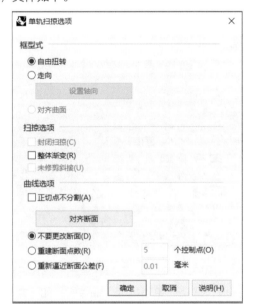

- **自由扭转**：选择该单选按钮，扫掠建立的曲面会随着路径曲线扭转。
- **走向**：选择该单选按钮，计算断面旋转走向的轴，这个轴并不是不变的，而是取决于路径的计算。
- **设置轴向**：单击该按钮，可以设置走向的轴向方向。
- **对齐曲面**：选择该单选按钮，路径曲线为曲面边缘时，断面曲线扫掠相对于曲面的角度维持不变。如果断面曲线与边缘路径的曲面正切，建立的扫掠曲面也会与该曲面正切。该单选按钮仅适用于使用曲面边缘作为路径。
- **封闭扫掠**：勾选该复选框，当路径为封闭曲线时，曲面扫掠过最后一条断面曲线后会再回到第一条断面曲线。用户至少需要选取两条断面曲线，才能使用该复选框。
- **整体渐变**：勾选该复选框，曲面断面的形状以线性渐变的方式从起点的断面曲线扫掠至终点的断面曲线。未勾选该复选框时，曲面的断面形状在起点与终点附近的形状变化较小，在路径中的变化较大。
- **未修剪斜接**：勾选该复选框后，如果建立的曲面是多重曲面，多重曲面中的个别曲面都是未修剪的曲面。
- **正切点不分割**：勾选该复选框，创建扫掠之前先重新逼近路径曲线。
- **对齐断面**：单击该按钮，可以反转曲面扫掠过断面曲线的方向。
- **不要更改断面**：选择该单选按钮，在不更改断面曲线形状的前提下创建扫掠。
- **重建断面点数**：选择该单选按钮，在扫掠之前重建断面曲线的控制点。
- **重新逼近断面公差**：选择该单选按钮，创建扫掠之前先重新逼近断面曲线。

3.2.6 双轨扫掠建面

双轨扫掠至少需要3条曲线来创建，两条作为轨迹路线定义曲面的两边，另一条定义曲面的截面部分。双轨扫掠与单轨扫掠非常类似，只是多出了一条轨道，用来更好地对形态进行定义，同时也丰富了曲面生成的方式。

用户可以单击左侧工具栏"指定三或四个角建立曲面"命令右下三角按钮，弹出"曲面边栏"扩展面板，选择"双轨扫掠"命令，如下左图所示。也可以在菜单栏中执行"曲面>双轨扫掠"命令，如下右图所示。

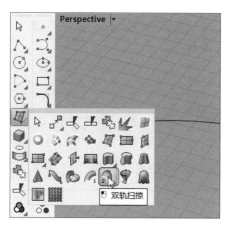 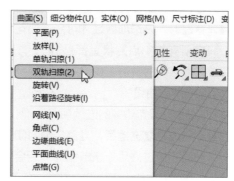

"双轨扫掠"命令：以两条曲线为路径，以另一条曲线为断面曲线（断面曲线可以是多个）的成形方法。操作方式为：执行该命令后，选取两条曲线为路径，如下左图所示。然后依次选取断面曲线，按下回车键（或单击鼠标右键），会弹出"双轨扫掠选项"对话框，用户可以根据需要进行相关参数设置，然后单击"确定"按钮，完成双轨扫掠成形操作，如下右图所示。

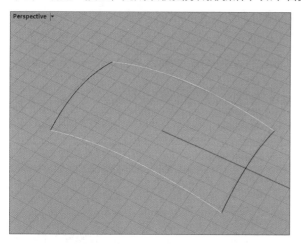 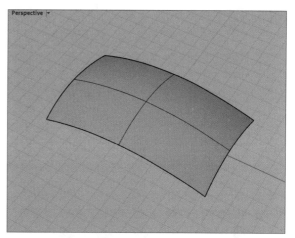

"双轨扫掠选项"对话框如下页图所示。下面对该对话框中各参数的含义进行介绍，具体如下。

- **不要更改断面**：选择该单选按钮，在不更改断面曲线形状的前提下创建扫掠。
- **重建断面点数**：选择该单选按钮，在扫掠之前重建断面曲线的控制点。
- **重新逼近断面公差**：选择该单选按钮，创建扫掠之前会重新逼近断面曲线。
- **维持第一个断面形状**：使用正切或曲率连续计算扫掠曲面边缘的连续性时，建立的曲面可能会脱离输入的断面曲线。勾选该复选框，可以强迫扫掠曲面的开始边缘符合第一条断面曲线的形状。

- **维持最后一个断面形状**：与"维持第一个断面形状"复选框不同的是，该复选框可以强迫扫掠曲面的开始边缘符合最后一个断面曲线的形状。
- **保持高度**：勾选该复选框，在断面曲线扫掠时，高度不随路径曲线之间的宽度变化而变化。默认情况下高度也会随之变化。
- **正切点不分割**：勾选该复选框，创建扫掠之前先重新逼近路径曲线。
- **边缘连续性**：只有路径是曲面边缘并且断面曲线是非有理时，该选项区域才可用。换句话说，只有所有控制点的权重都是1时，才能使用该选项区域的参数。精确的圆弧以及椭圆形都是有理的曲线。
- **位置/相切/曲率**：设定边缘的连续性。
- **封闭扫掠**：勾选该复选框后，当路径为封闭曲线时，曲面扫掠过最后一条断面曲线后会

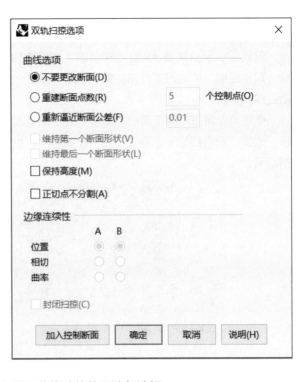

再回到第一条断面曲线。用户至少需要选取两条断面曲线才能使用该复选框。
- **加入控制断面**：单击该按钮，加入额外的断面曲线，控制曲面断面结构线的方向。

3.2.7　放样曲面

放样曲面是造型曲面的一种，它是通过曲线之间的过渡来生成曲面，放样曲面主要由放样的轮廓曲线组成。用户可以单击左侧工具栏"指定三或四个角建立曲面"命令右下三角按钮，弹出"曲面边栏"扩展面板，选择"放样"命令，如下左图所示。也可以在菜单栏中执行"曲面>放样"命令，如下右图所示。

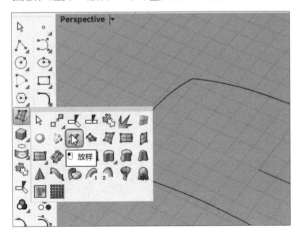

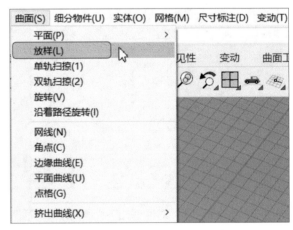

"**放样**"命令：以两条以上断面曲线进行过渡来生成曲面。操作方式为：执行该命令后，选取两条以上断面曲线，如下页左图所示。然后移动曲线接缝点（注意选择接缝点的位置和方向），按下回车键（或单击鼠标右键），此时会弹出"放样选项"对话框，用户可以根据需要进行相关的参数设置，然后单击"确定"按钮，完成放样成形操作，如下页右图所示。

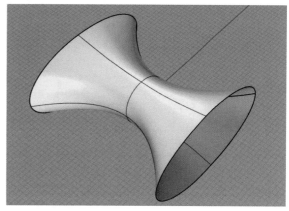

"放样选项"对话框如下图所示。在该对话框中,各参数的含义介绍如下。

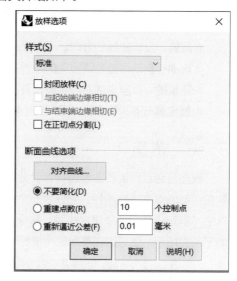

- **样式:** 单击该下拉按钮,在下拉列表中选择不同的选项决定曲面的节点与控制点的结构。放样时如果有断面的端点相接,放样的样式可能会被限制为平直区段或可展开的,避免建立自我交集的曲面。

  - **松弛:** 选择该选项,将在曲面原始的控制点位置创建曲面控制点,如果要稍后再编辑控制点,这是一个不错的选择。

  - **法线:** 选择该选项,曲面在曲线之间具有平均的伸展量,当曲线以相对较直的路径延展或者曲线之间有很大的空间时,这是一个不错的选择。

  - **平直区段:** 选择该选项,创建一个规则曲面,曲线之间的部分是平直的。

  - **紧绷:** 选择该选项,曲面紧贴原本的输入曲线,当输入曲线在角落附近时,这是个很好的选择。

  - **均匀:** 选择该选项,使物件节点向量均匀化。

- **封闭放样:** 勾选该复选框,建立封闭的曲面,曲面在通过最后一条断面曲线后会再回到第一条断面曲线,该复选框必须有三条或以上的断面曲线才可以使用。

- **与起始端边缘相切/与结束端边缘相切:** 如果第一条或者最后一条断面曲线是曲面的边缘,放样曲面可以与该边缘所属的曲面形成正切。这两个复选框必须有三条或以上的断面曲线才可以使用。

- **对齐曲线:** 单击该按钮,点选断面曲线的端点处,可以反转曲线的对齐方向。

- **不要简化:** 选择该单选按钮,不要重建断面曲线。

- **重建点数:** 选择该单选按钮,放样前先以设定的控制点数重建断面曲线。

- **重新逼近公差:** 选择该单选按钮,以设定的公差重新逼近断面曲线。在运用"放样"工具建立曲面时,命令行中的"点"选项表示放样的开始与结束断面可以是指定的点。以点开始或结束放样并非一定要用点物件,但是建议创建点物件用来锁定做参考。具体操作为:首先选取曲线,如下页左图所示。然后在放样的起点或终点单击命令行中的"点"选项,捕捉指定的点物件作为起点或终点断面。接下来与普通放样一样设置参数后单击"确定"按钮完成创建,如下页右图所示。

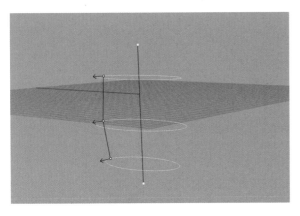 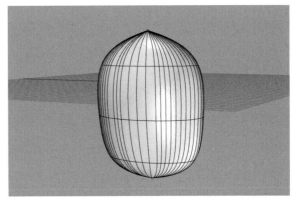

在运用"放样"命令建立曲面调整接缝时，命令行中各选项如下图所示。

移动曲线接缝点，按 Enter 完成（反转(F) 自动(A) 原本的(N) 锁定到节点(S)=是)：

- **反转**：反转曲线的方向。
- **自动**：自动调整曲线接缝的位置及曲线的方向。
- **原本的**：以原来的曲线接缝位置及曲线方向运行。
- **锁定到节点**：设置为"是"，则将曲线接缝点移动到另一侧的节点处。

3.2.8 嵌面

嵌面是通过对边界曲线进行综合分析运算，找出其中的平衡点后重建拟合的曲面。曲面结果与任何一条曲线都没有直接继承性，它只是一个拟合面、近似面，所以受到公差的影响很大。用户可以单击左侧工具栏"指定三或四个角建立曲面"命令右下三角按钮，弹出"曲面边栏"扩展面板，选择"嵌面"命令 ，如下左图所示。也可以在菜单栏中执行"曲面>嵌面"命令，如下右图所示。

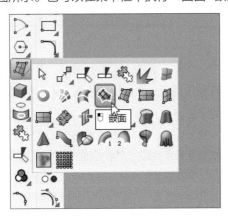 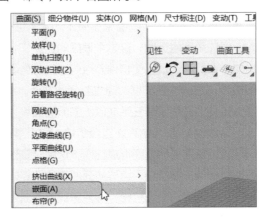

"**嵌面**"命令：可以建立逼近选取的线和点物件的曲面。操作方式为：执行该命令后，选取要逼近的点物件、曲线或曲面边缘，如下页左图所示。按下回车键（或单击鼠标右键），此时会弹出"嵌面曲面选项"对话框，进行相关参数的设置后单击"确定"按钮，完成嵌面操作，如下页右图所示。

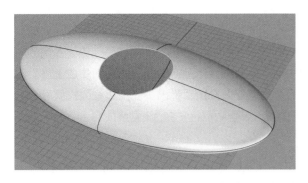 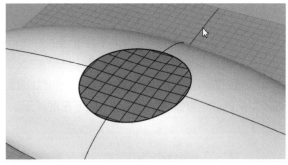

"嵌面曲面选项"对话框如下图所示。在该对话框中各参数的含义介绍如下。

● **取样点间距**：放置输入曲线上间距很小的取样点，最少数量为一条曲线放置8个取样点。

● **曲面的U方向跨距数**：设定曲面U方向的跨距数。当起始曲面为UV都是一阶的平面时，指令也会使用这个设定。

● **曲面的V方向跨距数**：设定曲面V方向的跨距数。当起始曲面为UV都是一阶的平面时，指令也会使用这个设定。

● **硬度**：Rhino在建立嵌面的第一个阶段会找出与选取的点、曲线上的取样点最符合的平面，再将平面变形逼近选取的点与取样点。该值用于设定平面的变形程度，设定数值越大曲面"越硬"，得到的曲面越接近平面。

● **调整切线**：勾选该复选框，如果输入的曲线为曲面的边缘，建立的曲面可以与周围的曲面正切。

● **自动修剪**：勾选该复选框，试着找到封闭的边界曲线，并修剪边界以外的曲面。

● **选取起始曲面**：单击该按钮，可以选取一个起始曲面，可以事先建立一个与想建立的曲面形状类似的曲面作为起始曲面。

● **起始曲面拉力**：与硬度设定类似，但是作用于起始曲面，设定值越大，起始曲面的抗拒力越大，得到的曲面形状越接近起始曲面。

● **维持边缘**：勾选该复选框，可以固定起始曲面的边缘，该复选框适用于以现有的曲面逼近选取的点或曲线，但不会移动起始曲面的边缘。

● **删除输入物件**：在新的曲面建立后删除原始曲面。

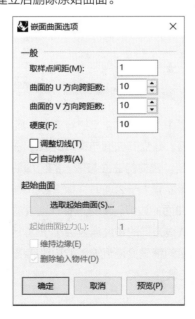

3.2.9 从网线建立曲面

从网线建立曲面是通过两个不同走线的曲线（U、V）来产生面的。它可以非常精确地描述曲面的形态，并且具有匹配的功能，能保持和相邻的曲面连贯的曲率，是Rhino里特别强大的曲面生成工具。用户可以单击左侧工具栏"指定三或四个角建立曲面"命令右下三角按钮，弹出"曲面边栏"扩展面板，选择"从网线建立曲面"命令 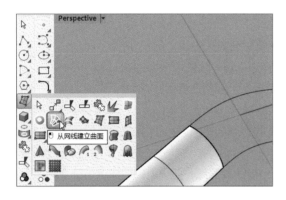，如下左图所示。也可以在菜单栏中执行"曲面>网线"命令，如下右图所示。

 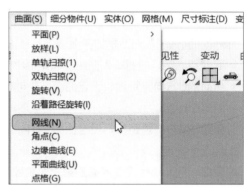

"从网线建立曲面"命令： 可以通过数条曲线来建立曲面。操作方式为：执行该命令后，根据命令行选取网线中的曲线，按下回车键（或单击鼠标右键），如下左图所示。此时将弹出"以曲线建立曲面"对话框，如下右图所示。用户可以对公差和边缘参数进行设置，然后单击"确定"按钮，完成曲面建立操作。

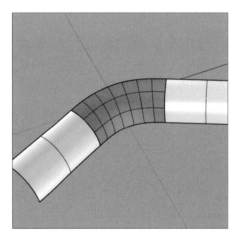 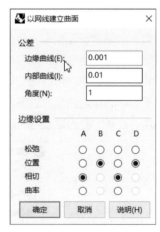

下面对"以网线建立曲面"对话框中各参数的含义进行介绍，具体如下。

- **边缘曲线：** 设定边缘曲线的公差，建立的曲面与输入的边缘曲线之间的误差会小于这个设定值。
- **内部曲线：** 设定内部曲线的公差，建立的曲面与输入的内部曲线之间的误差会小于这个设定值。输入的边缘曲线与内部曲线的位置差异大于公差时，指令会折中计算建立曲面。
- **角度：** 如果输入的边缘曲线是曲面的边缘，而且选择让建立的曲面与相邻的曲面以正切或曲率连续相接时，两个曲面在相接边缘法线方向的角度误差会小于这个设定值。
- **松弛：** 建立的曲面边缘以较宽松的精确度逼近输入的边缘曲线。
- **位置/相切/曲率：** 设定边缘的连续性。

3.3 编辑曲面

前面学习了利用曲线来创建曲面的方法，但在大多数情况下，完成一个复杂的模型制作往往还需要通过对曲面进行编辑和修改，把不同的曲面融合在一起。因此，这一小节将介绍如何编辑曲面。

3.3.1 编辑曲面的控制点

曲面可以看作是由一系列曲线沿一定的走向排列组成，而曲线是由控制点控制的，所以控制点间接地可以对曲面进行编辑，下面将介绍通过控制点编辑曲面的方法。

（1）更改曲面阶数

"更改曲面阶数"命令：可以在维持节点结构的情况下，通过增减曲面节点跨度内的控制点数量以变更曲面的阶数。具体操作方式为：单击左侧工具栏"曲面圆角"右下三角按钮，弹出"曲面工具"扩展面板，选择"更改曲面阶数"命令，如下左图所示。然后按照命令行的提示选取要改变阶数的曲面，按下回车键（或单击鼠标右键）完成变更，效果如下右图所示。

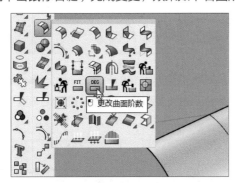
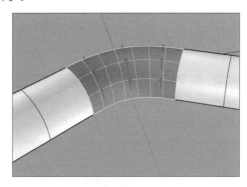

（2）编辑控制点权值

"编辑控制点权值"命令：可以编辑曲线或曲面的控制点权值。具体操作方式为：首先选择需要改变控制点权值的曲面，单击左侧工具栏"显示物件控制点"按钮，显示曲面控制点，接着单击"显示物件控制点"工具右下三角按钮，弹出"点的编辑"扩展面板，选择"编辑控制点权值"命令，如下左图所示。然后按照命令行的提示选取要编辑权值的控制点，按下回车键（或单击鼠标右键），弹出"设置控制点权值"对话框，输入调节权值，单击"确定"按钮，完成变更，效果如下右图所示。

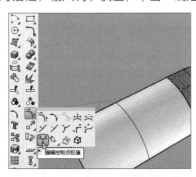
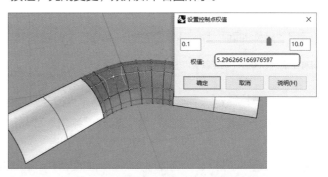

> **提示：权值介绍**
>
> 曲面控制点的权值是控制点对曲面的牵引力，权重值越高曲面会越接近控制点。如果用户需要将物件导出到其他程序，例如"CROE"，最好保持所有控制点的权值都是1。

3.3.2 曲面延伸

曲面延伸是指在已经存在的曲面基础上，通过曲面的边界或者曲面上的曲线进行延伸，扩大曲面，即在已经存在的曲面上延展。用户可以单击左侧工具栏"曲面圆角"命令右下三角按钮，弹出"曲面工具"扩展面板，选择"延伸曲面"命令，如下左图所示。也可以在菜单栏中执行"曲面>延伸曲面"命令，如下右图所示。

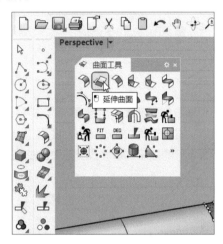
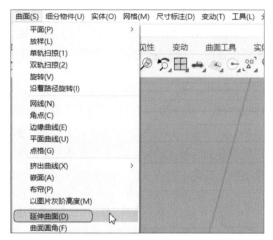

"延伸曲面"命令：对曲面进行延伸，扩大曲面。具体操作方式为：执行该命令后，选取一个曲面边缘，如下左图所示。在命令行中输入需要延伸的值，选择相应的类型和合并方式，按下回车键（或单击鼠标右键），完成延伸曲面操作，如下右图所示。

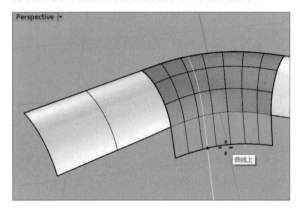
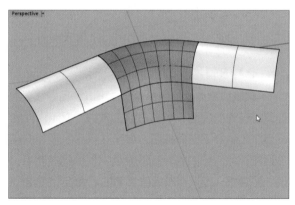

在运用"延伸曲面"命令延伸曲面时，命令行中各选项如下图所示。

> **延伸至点 <1.000>**（设定基准点(S) 类型(T)=*直线* 合并(M)=*否*）:

- **设定基准点**：指定一个点，这个点是以两个点设定延伸距离的第一个点。
- **类型**：有"平滑"与"直线"两个选项。"平滑"即与边缘平滑的延伸曲面，"直线"即以直线形式延伸曲面。
- **合并**：若选择"是"，则延伸部分与原始曲面合并。若选择"否"，则延伸部分将成为单独的曲面。

3.3.3 曲面倒角

对产品进行倒角设计是使用Rhino建模时常见的处理方式，通过倒角，产品不光可以显得更加美观，而且可以更加人性化，使操作更顺手。在Rhino中有两种倒角方式，一种是面倒角，另一种是体倒角。而面倒角和体倒角又可分为等距倒角和不等距倒角两种。单击左侧工具栏的"曲面圆角"命令右下三角按钮，弹出"曲面工具"扩展面板，这里有四个圆角命令分别为"曲面圆角""曲面斜角""不等距曲面圆角""不等距曲面斜角"，如下左图所示。用户也可以在菜单栏中执行"曲面>曲面圆角""曲面>曲面斜角""曲面>不等距圆角/混接/斜角>不等距曲面圆角""曲面>不等距圆角/混接/斜角>不等距曲面混接""曲面>不等距圆角/混接/斜角>不等距曲面斜角"命令，如下右图所示。

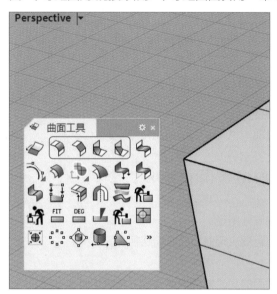
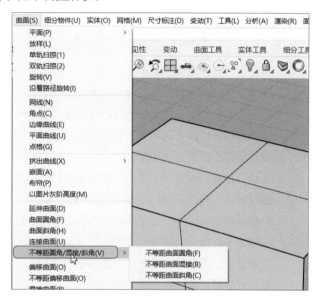

"曲面圆角"命令：可以在两个曲面之间建立单一半径的相切圆角曲面。具体操作方式为：执行该命令后，选取要建立圆角的第一个曲面，选取要建立圆角的第二个曲面，如下左图所示。在命令行中输入圆角半径值，选择其他相应的类型方式，完成曲面圆角操作，如下右图所示。

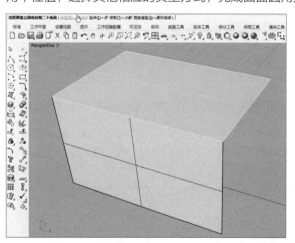
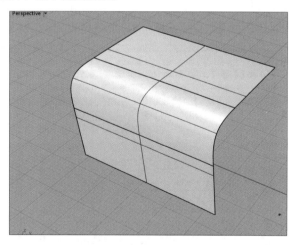

在运用"曲面圆角"命令时，命令行中各选项如下图所示。

选取要建立圆角的第一个曲面 (半径(R) = 10.000 延伸(E) = 否 修剪(T) = 是 混接造型(B) = 圆形倒角):

- **半径**：设置半径值。
- **延伸**：若选择"是"选项，代表曲面长度不一样时，圆角曲面会延伸并完整修剪两个曲面。
- **修剪**：若选择"是"选项，代表可以修剪两个原来的曲面。若选择"否"选项，原来的两个曲面不变。
- **混接造型**：这里有"圆形倒角"和"G2混接"两个选项，我们根据需要进行选择。

"**不等距曲面圆角**"命令：对两个曲面进行不等距的相切曲面。不等距曲面圆角和曲面圆角选取面的方式一样，只是在命令行中的选项不同。这里就不一一介绍了。

在运用"不等距曲面圆角"命令时，命令行中各选项如下图所示。

```
选取要做不等距圆角的两个相交曲面之一（半径(R)=10）: 10
选取要做不等距圆角的两个相交曲面之一（半径(R)=10）
选取要做不等距圆角的第二个相交曲面（半径(R)=10）
选取要编辑的圆角控制杆，按 Enter 完成（新增控制杆(A) 复制控制杆(C) 设置全部(S) 连结控制杆(L)=否 路径造型(R)=滚球 修剪并组合(T)=否 预览(P)=否）:
```

- **半径**：设置圆角曲面的半径。
- **新增控制杆**：沿着圆角边缘增加新的控制杆。
- **复制控制杆**：以选取的控制杆的半径建立另一个控制杆。
- **移除控制杆**：这个选项只有在新增控制杆以后才会出现，也只有新增控制杆可以删除。
- **设置全部**：设置全部控制杆的半径。
- **连结控制杆**：设置为"是"调整控制杆时，其他控制杆会以同样的比例调整。
- **路径造型**：有以下3种不同的路径方式可以选择。
  - ■ **路径间距**：以圆角曲面两侧边缘的间距决定曲面的修剪路径。
  - ■ **与边缘距离**：以建立圆角的边缘至圆角曲面边缘的距离决定曲面的修剪路径。
  - ■ **滚球**：以滚球的半径决定曲面的修剪路径。
- **修剪并组合**：若选择"是"选项，可以在建立圆角曲面的同时修剪原始曲面并与其组合在一起。
- **预览**：设置为"是"时，直接预览不等距曲面圆角的最终效果。

"**曲面斜角**"命令：两个有交集的曲面建立斜角。曲面斜角与曲面圆角的方法相同，区别于曲面斜角是通过指定两个曲面的交线到斜角后曲面修剪边缘的距离。具体操作方式为：执行该命令后，选取要建立斜角的第一个曲面，在命令行输入第一曲面的距离值，选取要建立斜角的第二个曲面，在命令行输入第二曲面的距离值，如下左图所示。选择其他相应的类型方式，完成曲面斜角操作，如下右图所示。

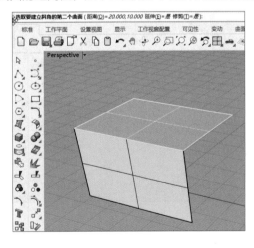 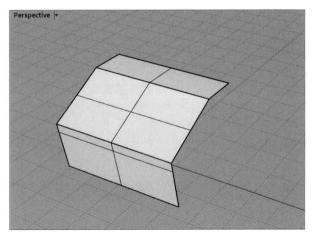

"**不等距曲面斜角**"命令：可以在两个曲面之间建立不等距的斜角曲面。与"不等距曲面圆角"命令的应用相似，这里就不再赘述。

实战练习 金元宝模型倒角练习

学习了"曲面倒角"的基本操作后，下面将对一个已有模型进行倒角练习。

步骤 01 首先打开"金元宝.3dm"素材文件，如下左图所示。

步骤 02 选择"不等距曲面圆"命令，在命令行输入半径值为4，"连结控制杆"选择"否"，如下右图所示。

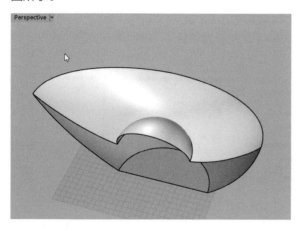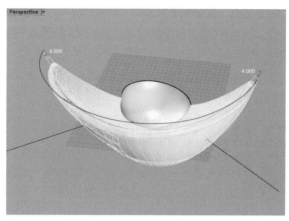

步骤 03 命令行单击"新增控制杆"选项，设置半径为3.5mm和3.8mm，如下左图所示。

步骤 04 按回车键完成设置，如下右图所示。

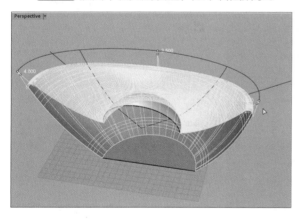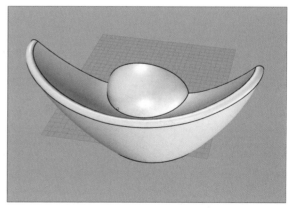

步骤 05 选择"曲面圆角"命令，在命令行输入半径值为3mm，选择两个曲面倒圆角，如下左图所示。

步骤 06 然后对金元宝造型进行渲染，最终效果如下右图所示。

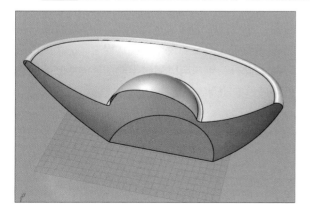

3.3.4 混接曲面

混接曲面是在两个曲面之间创造出过渡曲面，这种过渡曲面同时包含一定的连续性。它的最大特点就是可以选择任意一侧的边来进行混合，而这条边既可以是连续完整的，也可以是断开的。

在Rhino中，"双轨扫掠""以网线建立曲面"等常用的曲面命令最多只能达到G2连续，而"混接曲面"命令可以达到G3、G4连续。用户可以单击左侧工具栏"曲面圆角"命令右下三角按钮，在弹出的"曲面工具"扩展面板中选择"混接曲面"命令，如下左图所示。

也可以在菜单栏中执行"曲面>不等距圆角/混接/斜角>不等距曲面混接""曲面>混接曲面"命令，如下右图所示。

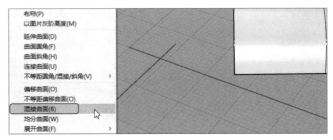

"混接曲面"命令：在两个曲面间创造过渡曲面。具体操作方式为：执行该命令后，选取需要混接的第一个边缘（可选择多段），按回车键确认，然后选取需要混接的第二个边缘，同样按回车键确认，此时在视图中将显示出混接曲面的控制点，如下左图所示。同时打开"调整曲面混接"对话框，如下右图所示。

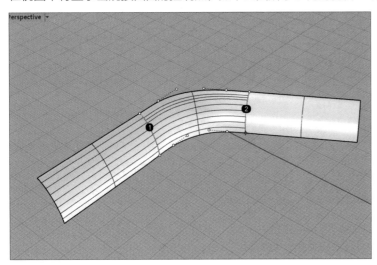
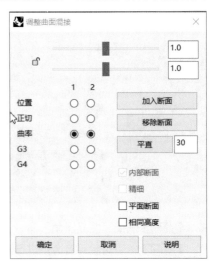

当生成的结构线过于扭曲时，用户可以在"混接曲面"命令行中选择"平面断面""移除断面"与"加入断面"选项，来修正结合线。默认情况下，混接曲面的断面曲线会随着两个曲面边缘之间的距离进行缩放，设置"相同高度"选项可以限制断面曲线的高度不变。此外，用户可以通过手动调整混接断面曲线的控制点来改变形态，也可以在"调整曲面混接"对话框中通过拖动滑块来调整形态。

3.3.5　偏移曲面

偏移曲面是指沿着原始曲面的法线方向，以一个指定的距离复制生成一个被缩小或者是被放大的新曲面。该功能可以转换原曲面的法向，或切换偏移曲面到相反方向。这一功能通常用在需要制作出厚度的曲面上。用户可以单击左侧工具栏"曲面圆角"命令右下三角按钮，弹出"曲面工具"扩展面板，选择"偏移曲面"命令，如下左图所示。也可以在菜单栏中执行"曲面>偏移曲面"命令，如下右图所示。

"偏移曲面"命令：沿着原始曲面的法线方向偏移一个新曲面。具体操作方式为：执行该命令后，选取需要偏移的曲面，按回车键将显示出曲面的法线方向，该方向就是曲面的偏移方向，如下左图所示。再次按回车键确认，即可完成曲面偏移操作，如下右图所示。

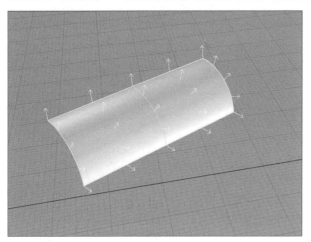 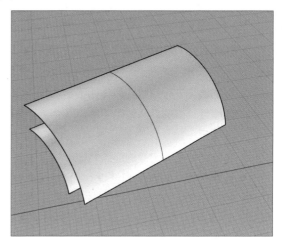

在运用"偏移曲面"命令时，命令行中各选项如下图所示。

> **选取要反转方向的物体，按 Enter 完成**（距离(<u>D</u>)=*50* 角(<u>C</u>)=*圆角* 实体(<u>S</u>)=*否* 松弛(<u>L</u>)=*否* 公差(<u>T</u>)=*0.01* 两侧(<u>B</u>)=*否* 全部反转(<u>F</u>)）:

- **距离**：设置偏移距离。
- **角**：若选择"是"选项，代表曲面长度不一样时，圆角曲面会延伸并完整修剪两个曲面。
- **实体**：若选择"是"选项，偏移后与原曲面组合成实体。
- **松弛**：建立的曲面边缘以较宽松的精确度逼近输入的边缘曲线。
- **公差**：设定偏移曲面公差，输入"0"则为系统默认公差。
- **两侧**：若选择"是"选项，则向两侧偏移对象。
- **全部反转**：反转偏移方向。

3.3.6 衔接曲面

衔接曲面命令可以通过将曲面变形达到让两个曲面无论是否相交或接触，都可以匹配到一起并且具有一定的连续性的目的。简单地理解，就是可以调整曲面的边缘，使其和其他曲面形成位置相切或曲率连续。

用户可以单击左侧工具栏"曲面圆角"命令右下三角按钮，弹出"曲面工具"扩展面板，选择"衔接曲面"命令，如下左图所示。具体操作方式为：执行该命令后，根据命令行提示选取一个未修剪的边缘（未修剪的边缘才能与其他曲面进行衔接），再选取衔接的目标曲面边缘或曲线，两个边缘必须在同一侧，目标曲面可以是修剪或未修剪的边缘，如下右图所示。

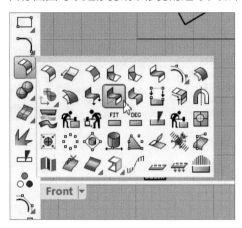
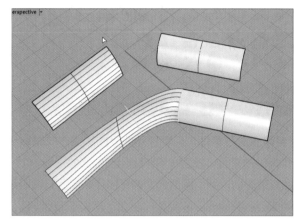

此时将弹出"衔接曲面"对话框，选择相应的选项或复选框，单击"确定"按钮完成操作，如右图所示。下面对"衔接曲面"对话框中各参数的含义进行介绍，具体如下。

- **连续性**：该选项区域用于指定两个曲面之间的连续性。
- **维持另一端**：该选项区域用于改变曲面的阶数增加控制点，避免曲面另一端边缘的连续性被破坏。
- **互相衔接**：勾选此复选框，两个曲面均会调整控制点的位置来达到指定的连续性，即两个曲面都会被修改为过渡的形状，如果目标曲面的边缘是未修剪的边缘，两个曲面的形状会被平均调整。
- **以最接近点衔接边缘**：勾选此复选框，将要衔接的曲面边缘的每一个控制点拉至目标曲面边缘上的最接近点。未勾选此复选框，延展或缩短曲面边缘，使两个曲面的边缘在衔接后端点对端点。
- **精确衔接**：勾选此复选框，将检查两个曲面衔接后边缘的误差是否小于设定的公差，必要时会在变更的曲面上加入更多的结构线（节点），使两个曲面衔接边缘的误差小于设定的公差。
- **翻转**：单击该按钮，（仅用于靠近曲面的曲线）更改曲面的方向。
- **结构线方向调整**：该选项区域用于设定衔接时参数构建曲面的方式和曲面结构线方向的变化方式。若选择"自动"单选按钮，则如果目标边缘是未修剪边缘，结果和目标结构线方向一致选项相同。如果目标边缘是修剪过的边缘，结果和目标边缘垂直选项相同。

3.3.7 合并曲面

合并曲面与组合曲面有所不同，组合曲面是创建一个复合曲面，这样的曲面无法再进行编辑，而合并后的曲面还是单一曲面，是可以再进行编辑的曲面。用户可以单击左侧工具栏"曲面圆角"命令右下三角按钮，弹出"曲面工具"扩展面板，选择"合并曲面"命令，如下左图所示。具体操作方式为：执行该命令后，依次选取需要合并的两个曲面即可，如下右图所示。

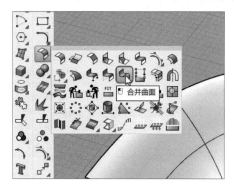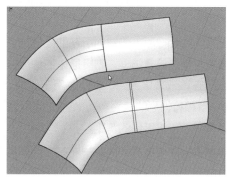

在运用"合并曲面"命令时，命令行中各选项如下图所示。

选取一对要合并的曲面（平滑(S)=是 公差(T)=0.01 圆度(R)=1）:

- **平滑**：若选择"是"选项，两个曲面为了迎合平滑过渡而被强行自动匹配了造型，造成两个曲面变形。若选择"否"，不会发生曲面变形的情况。
- **公差**：两个要合并的边缘的距离必须小于这个设置值。这个公差设置以模型的绝对公差为默认值，无法设置为0或任何小于绝对公差的数值。
- **圆度**：定义合并的圆度（平滑度、钝度、不尖锐度），默认值为1，设置的数值必须介于0（尖锐）与1（平滑）之间。

提示：合并曲面的条件

两个分离的曲面必须共享边缘，并且未被修剪，边缘两端的端点也要对齐。

3.3.8 重建曲面

重建曲面时，在不改变曲面的基本形状的情况下，对曲面的U、V控制点数和曲面的阶数进行重新设置。用户可以单击左侧工具栏"曲面圆角"命令右下三角按钮，弹出"曲面工具"扩展面板，选择"重建曲面"命令，如下左图所示。具体操作方式为：执行该命令后，选择需要重建的曲面，然后按回车键，打开"重建曲面"对话框，在该对话框设置相关参数后，单击"确定"按钮重建完成，如下右图所示。

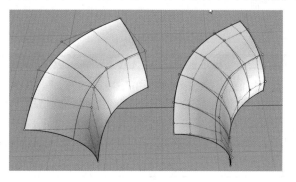

"重建曲面"对话框如下图所示。该对话框中各参数的含义介绍如下。

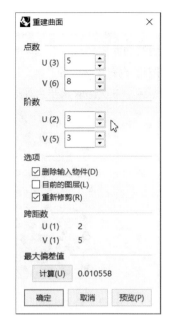

- **点数**：在该选项区域中，U参数用于设定曲面U方向的点数，V参数用于设定曲面V方向的点数。
- **阶数**：在该选项区域中，U参数用于设定曲面U方向的阶数，V参数用于设定曲面V方向的阶数。
- **删除输入物件**：勾选该复选框，则将原来的物件从文件中删除。
- **目前的图层**：勾选该复选框，则在目前的图层建立新曲面。取消勾选该复选框，则会在原来的曲面所在的图层建立新曲面。
- **重新修剪**：勾选该复选框，则以原来的边缘曲线修剪重建曲面。
- **跨距数**：在该选项区域中，U参数用于反馈U方向之前的最小跨距数（括号中）和将得到的跨距数。V参数用于反馈V方向之前的最小跨距数（括号中）和将得到的跨距数。
- **最大偏差值**：计算重建的曲面与原来的曲面之间的最大偏差值。
- **计算**：计算原来的曲面与重建后的曲面之间的偏差距离，计算偏差距离的位置是结构线的交点与每个跨距的中点。
- **预览**：显示输出预览。如果用户更改了设置，再次单击"预览"按钮将更新显示。

3.3.9 缩回已修剪曲面

在Rhino中，"缩回已修剪曲面"一般发生在剪切后的面片上，对曲面的修剪并不是真的将曲面删除，而是对其进行了隐藏，由于我们需要曲面的原始性，这里就需要使用该命令。

用户可以单击左侧工具栏"曲面圆角"命令右下三角按钮，弹出"曲面工具"扩展面板，选择"缩回已修剪曲面"命令，如下左图所示。具体操作方式为：执行该命令后，选择需要缩回已修剪曲面，按回车键即可，修改前后对比效果如下右图所示。

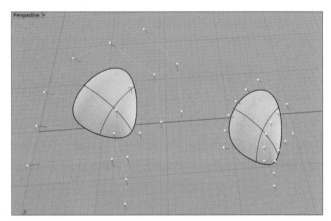

提示："缩回已修剪曲面"命令的应用

修剪过的曲面是由原始曲面与修剪边界曲线定义的，如果用户将贴图贴到修剪过的曲面上，贴图实际上是贴到整个原始曲面。有些时候原始曲面远比修剪过的曲面大得多，渲染时只有一小部分贴图会出现在修剪过的曲面上。"缩回已修剪曲面"命令可以使原始曲面的边缘缩回至曲面的修剪边缘附近，使渲染时修剪过的曲面可以显示较大部分的贴图。因为只有原始曲面的大小被改变，所以修剪过的曲面通常不会有什么可见。缩回曲面就像是平滑地逆向延伸曲面，曲面缩回后多余的控制点与节点都会被删除。

3.3.10　取消修剪曲面

在Rhino中，往往要对已经修剪过的曲面重新进行编辑，需要将被修剪的曲面恢复成原样，这时就要用到"取消修剪"命令。用户可以单击左侧工具栏"曲面圆角"命令右下三角按钮，弹出"曲面工具"扩展面板，选择"取消修剪"命令，如下左图所示。具体操作方式为：执行该命令后，选择需要取消修剪曲面的边缘，按回车键即可，取消修剪前后对比如下右图所示。

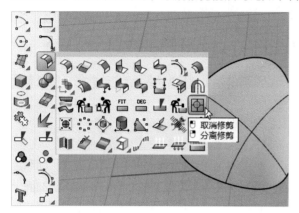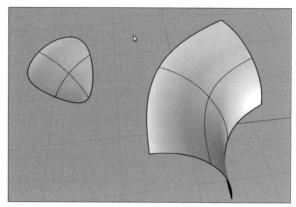

在运用"取消修剪"命令时，命令行中各选项如下图所示。

选取要取消修剪的边缘（保留修剪物件(K)=否 所有相同类型(A)=否）：

- **保留修剪物件**：若选择"是"，代表曲面取消修剪后保留修剪曲线。若选择"否"，代表曲面取消修剪后删除修剪曲线。
- **所有相同类型**：只要选取曲面的一个修剪边缘，就可以删除该曲面的所有修剪边缘。如果选取的是洞的边缘，同一个曲面上所有的洞都会被删除。

3.4　曲面的连续性检查

每次将模型部件构建完成后，除了对其细节进行有效编辑之外，还要对曲面品质进行检查。因为曲面的品质不仅关系到曲面输出后的质量高低，也关系到最终效果的好坏。

3.4.1　曲率分析

曲率分析是指通过在曲面显示假色来查看曲面的形状是否正常，有无凸起、凹洞，平坦、波浪状或曲面的某个部分的曲率是否大于或小于周围，必要时进行修正。这时就要用到"曲率分析"命令。用户可以单击左侧工具栏的"曲面圆角"命令右下三角区按钮，弹出"曲面工具"扩展面板中，选择"曲率分析"命令，如下页左图所示。具体操作方式为：执行该命令后，选择需要进行曲率分析的物件，按回车键，此时会弹出"曲率"对话框，如下页右图所示。

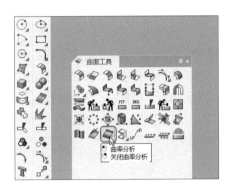 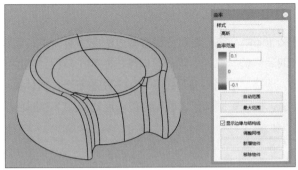

在"曲率"对话框中，默认使用高斯曲率来分析曲率，高斯曲率可以协助判断一个曲面是否可以展开为平面。用户也可以根据需要自行设置形式与范围。

下面对"曲率"对话框中各主要参数的含义进行介绍，具体如下。

- **样式**：包括"高斯""平均值""最大半径""最小半径"四个选项。
  - **高斯**：在"高斯"类型中，绿色以上的部分表示高斯曲率为正数，此类曲面类型似碗状；而绿色部分为0，表示曲面至少有一个方向是直的，绿色以下的部分为负数，曲面类似马鞍状。曲面上的每一点都会以"曲率范围"色块中的颜色显示，曲率超出红色范围的会以红色显示，超出蓝色范围的会以蓝色显示，如下图所示。
  - **平均**：显示平均曲率的绝对值，适用于找出曲面曲率变化较大的部分。
  - **最小半径**：如果想将曲面偏移一个特定距离r，曲面上任何半径小于r的部分将会发生问题，例如曲面偏移后会发生自交。为避免发生这些问题，可以设置红色=r、蓝色=1.5×r，曲面上的红色区域是在偏移时一定会发生问题的部分，蓝色区域为安全的部分，绿色与红色之间的区域为可能发生问题的部分。
  - **最大半径**：这种类型适用于找出曲面较平坦的部分。可以将蓝色的数值设置大一点（10>100>1000），将红色的数值设为接近无限大，那么曲面上红色的区域为近似平面的部分，曲率几乎等于0。
- **自动范围**：对一个曲面的曲率进行分析后，系统会记住上次分析曲面时所使用的设置及曲率范围。如果物件的形状有较大的改变或分析的是不同的物件，记住的设置值可能并不适用。遇到这种情况时，可以使用该按钮自动计算曲率范围，得到较好的对应颜色分布。
- **最大范围**：可以使用该按钮将红色对应到曲面上曲率最大的部分，将蓝色对应到曲面上曲率最小的部分。当曲面的曲率有剧烈变化时，产生的结果可能没有参考价值。
- **显示边缘与结构线**：勾选该复选框，将显示物体所有选中面的ISO线。
- **新增物件**：单击该按钮，为增选的物件显示曲率分析。
- **移除物件**：单击该按钮，关闭增选物件的曲率分析。

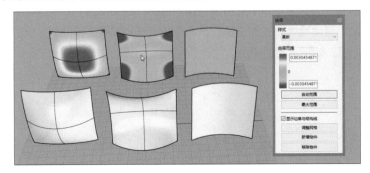

3.4.2 拔模角度分析

拔模角度是为了帮助从模具中取出成品，对于与模具表面直接接触并垂直于分型面的产品特征，需要有锥角或拔模角度，从而允许适当地顶出。该拔模角度会在模具打开的瞬间产生间隙，从而让制件可以轻松地脱离模具。如果在设计中不考虑拔模角度，由于热塑性塑料在冷却过程中会收缩，紧贴在模具型芯或公模上很难被正常地顶出。如果能仔细考虑拔模角度和合模处封胶，则通常很有可能避免侧向运动，并节约模具及维修成本。

这时就要用到"拔模角度分析"命令。用户可以单击左侧工具栏"曲面圆角"命令右下三角按钮，在弹出的"曲面工具"扩展面板中单击"曲率分析"右下三角按钮，在弹出的"曲面分析"扩展面板中选择"拔模角度分析"命令，如下左图所示。具体操作方式为：执行该命令后，选择需要进行拔模角度分析的物件，按回车键，此时会弹出参数设置对话框，如下右图所示。

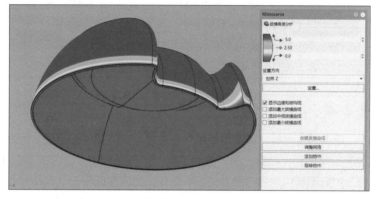

在右上图中可以看到红色和蓝色部分，通过在拔模角度对话框中设置的角度显示颜色可以知道：红色表示等于0°或小于0°拔模角度的部位（通常就是有问题的部位）；蓝色表示5°或大于5°的部位，通常来说对于z轴正方向拔模是没有问题的；绿色是大约2.5°的部位，对于一些大件的产品或有表面咬花处理的模型可能会有问题。

3.4.3 斑马纹分析

所谓斑马纹分析，其实是指在曲面或网格上显示分析条纹（斑马纹），其主要意义在于对曲面的连续性进行分析。用户可以单击左侧工具栏"曲面圆角"命令右下三角按钮，弹出"曲面工具"扩展面板，单击"曲率分析"右下三角按钮，在弹出的"曲面分析"扩展面板中选择"斑马纹分析"命令，如下左图所示。具体操作方式为：执行该命令后，选择需要进行斑马纹分析的物件，按回车键，此时会弹出"斑马纹选项"对话框，如下右图所示。

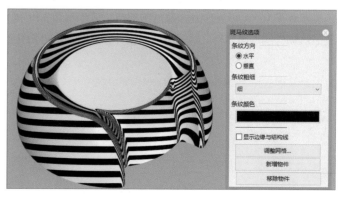

提示：斑马纹形状的意义

- **位置连续（G0）**：如果斑马线在曲面连接的地方出现了扭结或错位，说明曲面在这个位置只是简单地接触在一起，这种情况是G0（仅位置）连续，如下左图所示。
- **相切连续（G1）**：如果两个曲面相接边缘处的斑马纹相接但有锐角，两个曲面的相接边缘位置相同，切线方向也一样，代表两个曲面以G1（位置+正切）连续性相接。以"曲面圆角"命令建立的曲面有这样的特性，如下中图所示。
- **曲率连续（G2）**：如果两个曲面相接边缘处的斑马纹平顺地连接，两个曲面的相接边缘除了位置和切线方向相同以外，曲率也相同，代表两个曲面以G2（位置+正切+曲率）连续性相接。"曲面混接"命令可以建立有这样特性的曲面，如下右图所示。

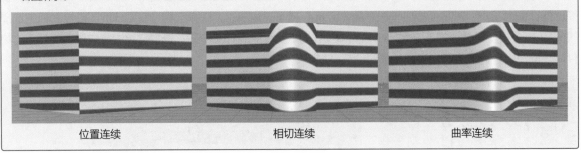

位置连续　　　　　　　　　相切连续　　　　　　　　　曲率连续

3.4.4　厚度分析

所谓厚度分析，其实是使用假色来显示实体物件的厚度。用户可以单击左侧工具栏"曲面圆角"命令右下三角按钮，在弹出的"曲面工具"扩展面板中单击"曲率分析"右下三角按钮，在弹出的"曲面分析"扩展面板中选择"厚度分析"命令，如下左图所示。具体操作方式为：执行该命令后，选择需要进行厚度分析的物件，按回车键，此时会弹出"厚度分析"对话框，如下右图所示。

 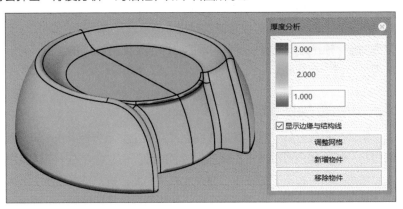

在右上图中可以看到红色和蓝色部分，通过"厚度分析"对话框中设置的数值显示颜色可以知道：红色表示等于1mm或小于1mm厚度的部位，蓝色就是3mm或大于3mm的部位，绿色是大约2mm的部位。通过对物件的厚度分析，对于后期塑胶件等注塑成形件发生的缩水问题可起到预警作用。

知识延伸：曲面边分析

分析曲面边的主要工具集中在"边缘工具"扩展面板内，用户可以单击左侧工具栏"曲面圆角"命令右下三角按钮，在弹出的"曲面工具"扩展面板中单击"显示边缘"右下三角按钮，弹出"边缘工具"扩展面板，找到"显示边缘"命令，如下左图所示。

"显示边缘"命令：显示曲面和多重曲面的边缘。具体操作方式为：执行该命令后，选取需要检测的曲面，按回车键，曲面边缘会以醒目颜色提示，矩形的点代表曲面边缘的端点，同时会打开"边缘分析"对话框，如下右图所示。

 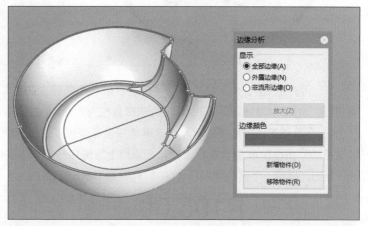

在"边缘分析"对话框中，"显示"选项区域中的"全部边缘"单选按钮用于显示所有的曲面和多重曲面的边缘，"外露边缘"单选按钮则用于显示未组合的曲面和多重曲面的边缘。"放大"按钮用于放大外露边缘。单击"边缘颜色"按钮，可以设置显示边缘的颜色。"新增物件"按钮用于新增需要显示边缘的物件。"移除物件"按钮用于关闭显示物件的边缘。

 ## 上机实训：创建排球模型

学习了Rhino 7软件的曲面操作、文件管理和对象的基本操作等内容后，下面以创建一个排球模型为例，介绍圆弧的创建、裁剪、分割、镜像和旋转操作，具体步骤如下。

扫码看视频

步骤 01 在进行建模前，首先要分析排球的具体构成，然后再考虑怎么做。从下页左图可以看出，排球的总体造型其实是由六个相同的单位模块组成（图中白色夹着黄色组成的部分）。这里我们需要先创建一个球体，然后把它裁切成构成排球的单位模块，再通过镜像和旋转命令完成排球模型的创建。

步骤 02 单击左侧工具栏中"圆弧"右下角三角按钮，弹出"圆弧"扩展面板，选择"圆弧：中心点、起点、角度"命令。然后选择圆弧中心点，这里选择坐标原点（可直接输入"0"后按下回车键），按住Shift键，锁定正交，在命令行中输入105mm，旋转角度输入180，创建一个直径为210mm的圆弧，如下页右图所示。

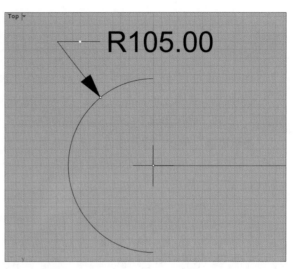

步骤 03 再单击左侧工具栏中的"指定三或四个角建立曲面"右下角三角按钮,弹出"曲面边栏"扩展面板,选择"旋转成形"命令。然后选择直径为210mm的圆弧,按下回车键确定,如下左图所示。

步骤 04 接着选择旋转轴起点,这里选择坐标原点(可直接输入"0"后,按下回车键),接着选择旋转轴终点,按住Shift键,锁定正交,在原点上方选择一点,根据命令行提示输入起始角度为0,旋转角度输入360,创建一个直径为210mm的球体,如下右图所示。

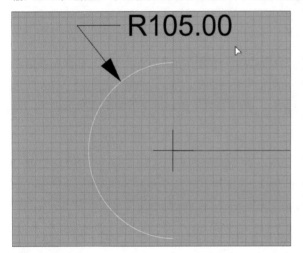
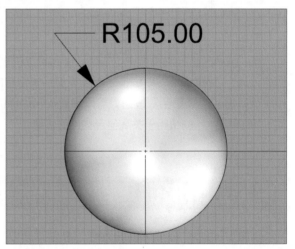

步骤 05 在前视图中画一条平行于x轴、距离为60.44mm的直线,如右图所示。

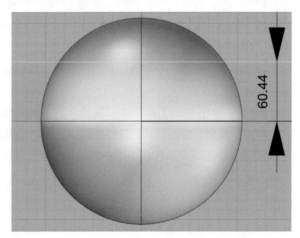

步骤06 然后以坐标原点为中心，通过圆周阵列得到四条曲线，如右图所示。

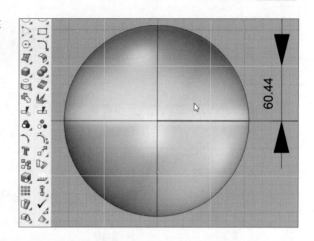

步骤07 选择四条直线，再选择左侧工具栏的"修剪"工具，减去不需要的部分，如下左图所示。

步骤08 在顶视图中画一条曲线，通过原点镜像，然后选择左侧工具栏中的"分割"工具，分割曲面，如下右图所示。

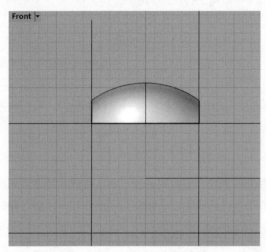
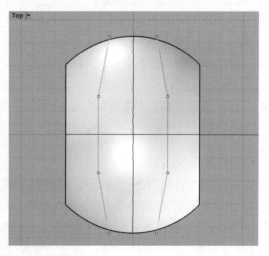

步骤09 选择排球的单位模块，按回车键，选择刚刚镜像的两条曲线，按回车键，把其分为三个部分，效果如下左图所示。

步骤10 通过镜像和旋转刚刚的单位模块得到一个完整的排球，给排球添加一定的材质，效果如下右图所示。

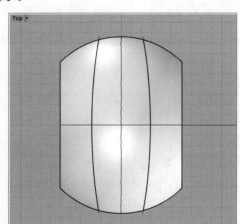

课后练习

一、选择题

（1）在Rhino 7中双轨扫掠至少需要（　　　）条曲线来创建。

　　A. 1条　　　　　　　B. 2条　　　　　　　C. 3条　　　　　　　D. 4条

（2）在Rhino 7中，"以平面建立曲面"命令是以一条或数条可形成（　　　）的曲线为边界建立平面。

　　A. 平面区域　　　　B. 封闭的区域　　　C. 封闭的曲面区域　　D. 封闭的平面区域

（3）在Rhino 7中，运用"挤出曲线"命令时，当挤出曲线为平面，与曲线平面（　　　）方向为预设的挤出方向。

　　A. 平行　　　　　　B. 垂直　　　　　　　C. 相交　　　　　　　D. 相切

二、填空题

（1）合并曲面与组合曲面有所不同，组合曲面是创建一个_____曲面，这样的曲面无法再进行编辑，而合并后的曲面还是_____曲面，是可以再进行曲面的编辑的。

（2）在Rhino 7中两个曲面间的连续性包括_____、_____、_____、_____和_____五个。

（3）合并曲面的条件：两个分离的曲面必须_____，并且_____，边缘两端的端点也要_____。

（4）运用"指定三或四个角建立曲面"命令时，创建的三角形曲面必然位于同一平面内，但四角形曲面可以位于_____的曲面内。

三、上机题

　　通过本章的学习，相信大家已经可以熟练掌握曲面的创建、编辑和修改了。下面就利用本章所学的知识创建水杯模型。打开"水杯草图.3dm"，所需草图已经绘制好，如左图所示。对杯子进行旋转后，把水杯的外旋转面分割为四个部分。最后进行曲面的偏移和组合，水杯的最终效果如右图所示。

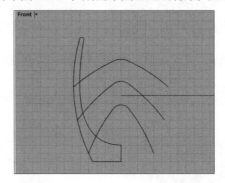

操作提示

① 单击左侧工具栏"指定三或四个角建立曲面"右下三角按钮，弹出"曲面边栏"工具面板中，找到"旋转成形"工具，旋转杯子的形态。

② 单击左侧工具栏"分割"，把水杯的外旋转面分割为四个部分。

③ 单击左侧工具栏"曲面圆角"右下三角按钮，弹出"曲面工具"扩展面板，找到"偏移曲面"工具（偏移的距离从上到下依次递减2mm，参考效果图），偏移后，运用放样命令把两面连接起来。

④ 最后组合所有面，给水杯所有边倒角0.5mm。

第4章 实体建模

本章概述

本章将对如何使用Rhino软件创建实体的基本方法、实体的编辑操作方法以及曲面的连续性检查方法进行介绍，并了解影响曲面的关键因素。通过本章的学习，对后面实体建模将起到关键性的铺垫。

核心知识点

① 了解多重曲面和实体的区别
② 掌握创建标准实体的基本方法
③ 掌握实体肋和凸毂的创建方法
④ 掌握实体的编辑操作

4.1 标准实体创建

标准体是Rhino自带的一些模型，用户可以通过建立实体工具面板中的工具直接创建这些模型。标准体包含11种对象类型，分别是立方体、圆柱体、椭圆体、球体、抛物面锥体、圆锥体、平顶锥体、棱锥体、圆柱管、环状体和圆管。下面我们将介绍一些常用的实体创建方法。

4.1.1 立方体

立方体是建模中最常用的几何体，用户可以单击左侧工具栏的"立方体：角对角、高度"命令右下三角按钮，在弹出的"实体边栏"扩展面板中单击"立方体"工具扩展面板，如下左图所示。也可以在菜单栏中执行"实体>立方体"命令，在子菜单中选取立方体创建命令，如下右图所示。

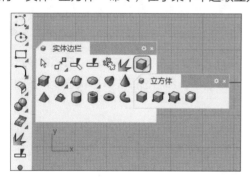
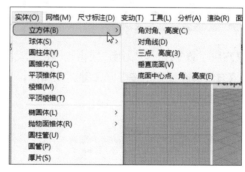

"立方体：角对角、高度"命令：执行该命令后，按照命令行的提示在绘图区确定立方体矩形基底的第一个角，此时按住Shift键可以绘制正方形，如下左图所示。然后选择第二个角或输入长度值，若选择输入长度值，还需输入宽度值，最后输入高度值，按回车键，即可完成立方体创建，如下右图所示。

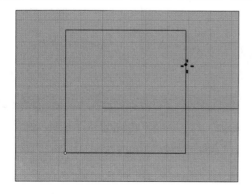
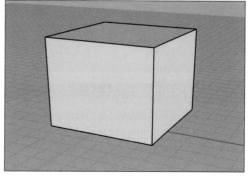

"**立方体：对角线**"**命令**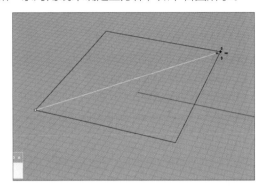：执行该命令后，在绘图区选定任意起始位置，如下左图所示。此时可以看到"立方体：对角线"命令是按照对角线来确定底面的，即通过点和面对角线来确定平面，然后通过一个平面和一条对角线来确定立方体，如下右图所示。

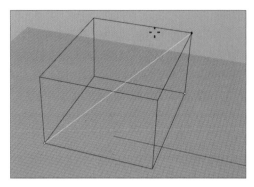

"**立方体：三点、高度**"**命令**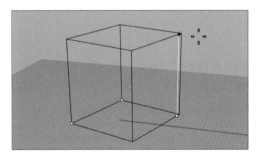：执行该命令后，在绘图区选定任意起始位置，接着指定底面的另外两个点和高度，如下左图所示。右键单击"立方体：三点、高度"命令，则需要虚线指定中心点，再指定底面的角点，最后指定高度，如下右图所示。

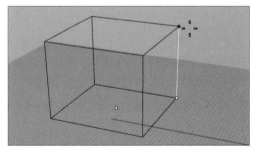

"**边框方块**"**命令**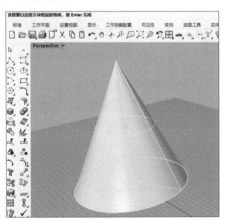：可以用方块将物件框起。具体操作方式为：执行该命令后，按照命令行的提示选取要用边框方块框起物件，按下回车键完成操作，如下左图所示。然后选择边框方块选项，按回车键完成操作，如下右图所示。

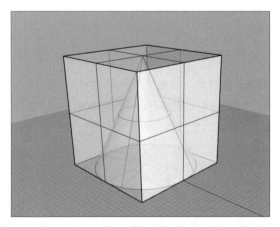

提示：了解多重曲面和实体

在Rhino中，能够应用实体编辑工具的对象必须是实体或多重曲面。实体和多重曲面的区别在于：实体是封闭的，而多重曲面可能是开放的。如果组合的曲面构成了一个封闭的空间，那么这个曲面也称之为实体。从这个定义来说，多重曲面实际上包含了实体的概念。

4.1.2 圆柱体

圆柱体在日常生活中很常见，比如玻璃杯或棍棒。用户可以单击左侧工具栏"立方体：角对角、高度"命令右下三角按钮，在弹出的"实体边栏"扩展面板中选择"圆柱体"命令，如下左图所示。也可以在菜单栏中执行"实体>圆柱体"命令，如下右图所示。

 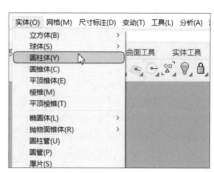

"圆柱体"命令🖱：执行该命令后，按照命令行的提示选取底面圆心的位置，然后指定底面半径，如下左图所示。接着指定高度，按下回车键完成操作，如下右图所示。

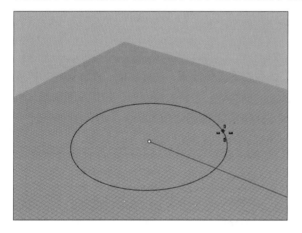 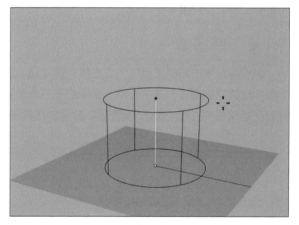

4.1.3 球体

用户可以单击左侧工具栏"立方体：角对角、高度"命令右下三角按钮，在弹出的"实体边栏"扩展面板中单击"球体"工具扩展面板，如下左图所示。也可以在菜单栏中执行"实体>球体"命令，在其子菜单中选择对应的球体创建命令，如下右图所示。

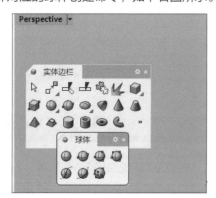 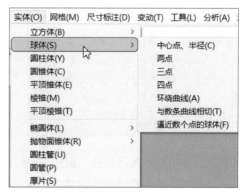

"球体：中心点、半径"命令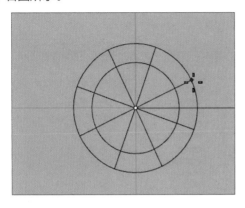：通过球体的中心点和半径绘制球体。具体操作方式为：执行该命令后，按照命令行的提示选取球体的中心的位置，如下左图所示。然后指定球体的半径，按下回车键完成操作，如下右图所示。

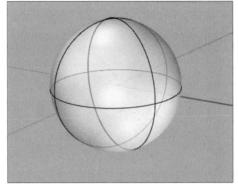

球体的其他几种绘制命令还包括"直径""三点""四点""环绕曲线""从与曲线正切的圆""逼近数个点"等，根据命令行的提示不同，我们选择相应的条件进行球体的创建，用户可以参照圆的绘制方法，这里就不再一一介绍了。

4.1.4 椭圆体

用户可以单击左侧工具栏"立方体：角对角、高度"命令右下三角按钮，在弹出的"实体边栏"扩展面板中选择"椭圆体：从中心点"命令右下三角按钮，弹出"椭圆体"工具扩展面板，如下左图所示。也可以在菜单栏中执行"实体>椭圆体"命令，在其子菜单中选择相应的椭圆体创建命令，如下右图所示。

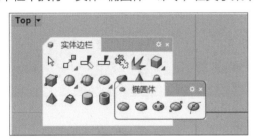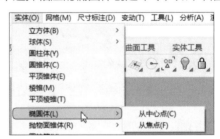

"椭圆体：从中心点"命令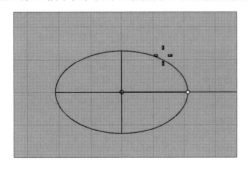：执行该命令后，按照命令行的提示在绘图区选取椭圆体中心的位置、第一轴半径、第二轴半径，如下左图所示。然后指定椭圆体第三轴半径，得到椭圆体，如下右图所示。

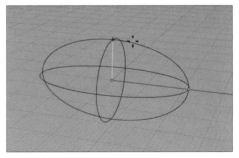

椭圆体的其他几种绘制方法还包括"直径""从焦点""四点""环绕曲线""角"等，根据命令行的提示不同，我们选择相应的条件进行椭圆体的创建，用户可以参照椭圆的绘制方法，这里就不再一一介绍了。

4.1.5 圆锥体

用户可以单击左侧工具栏"立方体：角对角、高度"命令右下三角按钮，在弹出的"实体边栏"扩展面板中选择"圆锥体"命令，如下左图所示。也可以在菜单栏中执行"实体>圆锥体"命令进行圆锥体的创建，如下右图所示。

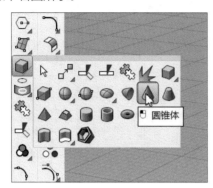 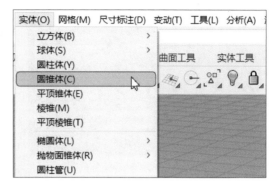

"圆锥体"命令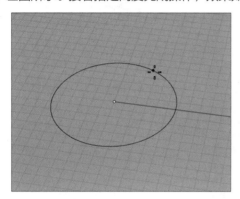：执行该命令后，按照命令行的提示在绘图区选取底面圆心的位置，然后指定底面半径，如下左图所示。接着指定高度完成操作，效果如下右图所示。

 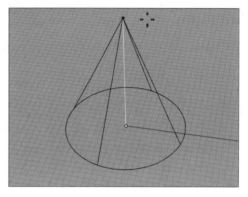

4.1.6 圆柱管

用户可以单击左侧工具栏"立方体：角对角、高度"命令右下三角按钮，在弹出的"实体边栏"扩展面板中选择"圆柱管"命令，如下左图所示。也可以在菜单栏中执行"实体>圆锥体"命令进行圆柱管的创建，如下右图所示。

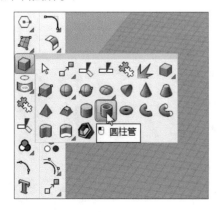 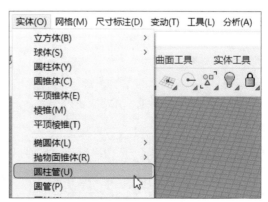

"圆柱管"命令 💿：可以创建具有厚度的圆管效果，具体操作方式为：执行该命令后，按照命令行的提示在绘图区选取底面圆心的位置，然后指定底面圆柱管外圆半径和内圆半径，如下左图所示。接着指定高度，完成操作，效果如下右图所示。

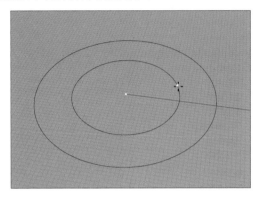 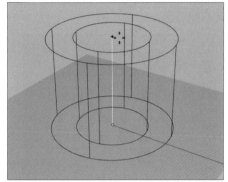

4.1.7 环状体

用户可以单击左侧工具栏"立方体：角对角、高度"命令右下三角按钮，在弹出的"实体边栏"扩展面板中选择"环状体"命令，如下左图所示。也可以在菜单栏中执行"实体>环状体"命令进行环状体的创建，如下右图所示。

"环状体"命令 💿：可以创建具有厚度的圆管效果。具体操作方式为：执行该命令后，按照命令行的提示在绘图区选取底面圆心的位置，然后指定底面圆柱管外圆半径和内圆半径，如下左图所示。按下回车键完成操作，如下右图所示。

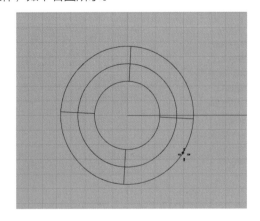 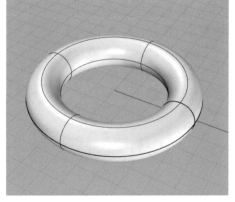

4.1.8 圆管

用户可以单击左侧工具栏"立方体：角对角、高度"命令右下三角按钮，在弹出的"实体边栏"扩展面板中选择"圆管"命令，如下左图所示。也可以在菜单栏中执行"实体>圆管"命令进行圆管的创建，如下右图所示。

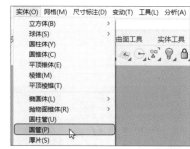

"圆管"命令 ：可以沿着已有曲线建立一个圆管。具体操作方式为：执行该命令后，按照命令行的提示先选择建立圆管的曲线，然后依次指定曲线起点和终点处截面圆（通过指定半径来定义截面圆），如下左图所示。接着可以在曲线上其余位置继续指定不同半径的截面圆（可以指定多个），按回车键（或单击鼠标右键）完成操作，如下右图所示。

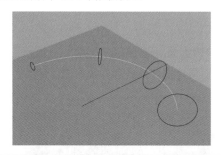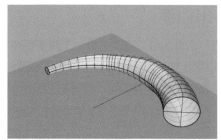

提示：创建圆管的命令行选项

在创建圆管的过程中，将看到命令行的选项，如下图所示。下面对其中主要选项的含义进行介绍。

> 起点半径 <800.00> (直径(D) 输出为(O)=细分物件 有厚度(T)=否 加盖(C)=平头 渐变形式(S)=局部 正切点不分割(F)=否)：

- **直径**：指定截面圆的直径。
- **输出为**：单击此选项可选择输出为"曲面"或者输出为"细分物件"。
- **有厚度**：如果设置为"是"，可以设置圆管的厚度，此时每个截面都需要指定两个半径（分别为圆管内外壁半径），如下左图所示。
- **加盖**：该选项可以切换圆管端面的加盖方式，包含"平头""圆头"和"无"3种方式。设置为"平头"时，将得到一个平头的圆管，如下左图所示。设置为"圆头"时，将得到一个圆头的圆管，如下中图所示。设置为"无"时，得到的是一个中空的圆管，如下右图所示。

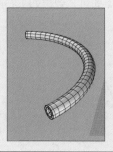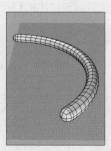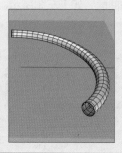

4.2 创建挤出实体

用户可以单击左侧工具栏"立方体：角对角、高度"命令右下三角按钮，在弹出的"实体边栏"扩展面板中选择"挤出曲面"命令右下三角按钮，弹出"挤出建立实体"工具扩展面板，如下左图所示。也可以在菜单栏中执行"实体>挤出曲面"命令，在其子菜单中选择相应的挤出建立实体命令，如下右图所示。

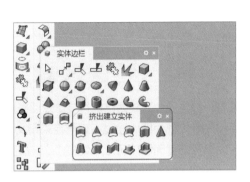
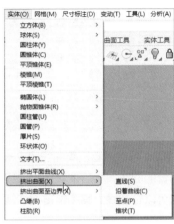

4.2.1 挤出曲面

"挤出曲面"命令和"实体工具"工具面板中的"挤出面/沿着路径挤出面"工具是同一个工具，这两个命令可以挤出实体模型上的曲面，如下左图所示。具体操作方式为：执行该命令后，选择需要挤出的曲面，然后指定挤出的距离即可，如下右图所示。

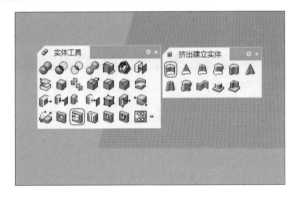
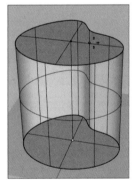

4.2.2 挤出曲面至点

"挤出曲面至点"命令可以将曲面往指定的方向挤至一点，形成锥体。具体操作方式为：执行该命令后，选择需要挤出的曲面，如下左图所示。然后指定挤出的目标点即可，效果如下右图所示。

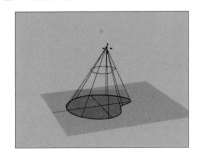
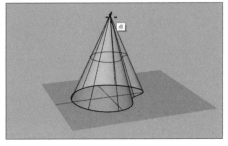

4.2.3 挤出曲面至锥状

"挤出曲面成锥状"命令：用于将曲线往单一方向挤出，并以设定的拔模角内缩或外扩，建立锥状的曲面。具体操作为：执行该命令后，按照命令行选择需要挤出的曲面，按下回车键完成选取，如下左图所示。然后根据命令行提示指定挤出的高度和拔模角度即可，如下右图所示。

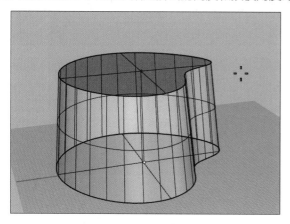
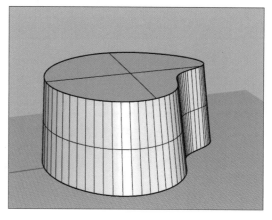

4.2.4 沿着曲线挤出曲面

"沿着曲线挤出曲面"命令：用于沿着曲面挤出建立实体。具体操作为：执行该命令后，按照命令行提示选择需要挤出的曲面，按下回车键完成选取。然后在靠近起点处选取路径曲线，如下左图所示。单击曲线路径后完成操作，如下右图所示。

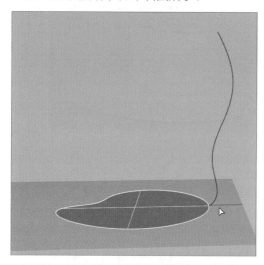
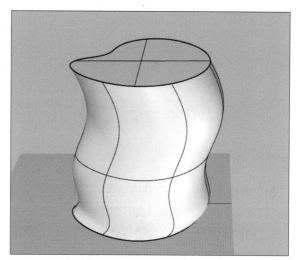

提示：曲面挤出默认方向

● **非平面的曲线**：使用中，工作视窗的工作平面z轴为预设的挤出方向。

● **平面曲线**：与曲线平面垂直的方向为预设的挤出方向。

在选择"沿着曲线挤出曲面"命令时，对应的命令行，如下图所示。

```
选取路径曲线在靠近起点处 ( 实体(S)=是 删除输入物件(D)=否 子曲线(U)=否 至边界(T) 分割正切点(P)=否):
```

在以前的章节中我们已经介绍过一些选项，这里只介绍"子曲线"命令的含义和应用。

- **子曲线**：在路径曲线上指定两个点为要挤出曲线的部分。曲线是由它所在的位置为挤出的原点，而不是由路径曲线上的起点开始挤出，在路径曲线上指定的两个点只决定沿着路径曲线挤出的距离。

  子曲线为"是"时的操作步骤：选取路径曲线在靠近起点处后，选取曲线上的起点，如下左图所示。然后在路径曲线上选取终点，即可完成操作，下右图为挤出的效果。

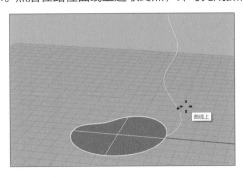 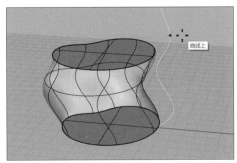

4.2.5　凸毂

"**凸毂**"**命令** ：用于将封闭的平面曲线与曲线平面垂直的方向挤出至边界曲面。具体操作为：执行该命令后，按照命令行提示选择平面（必须是封闭曲线），按下回车键完成选取，如下左图所示。然后选取一个曲面或多重曲面作为边界，曲线会以其所在平面的垂直方向挤出至边界曲面，边界曲面会被修剪并与曲线挤出的曲面组合在一起，如下右图所示。

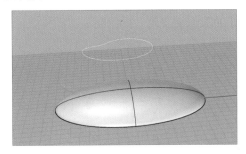 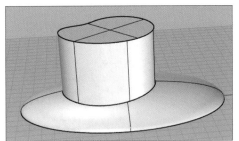

4.2.6　肋

"**肋**"**命令** ：可以创建曲线与多重曲面之间的肋。具体操作为：执行该命令后，选择作为柱肋的平面曲线，按下回车键完成选取，如下左图所示。然后选取一个边界物件，此时系统会自动将曲线挤出成为曲面，再往边界物件挤出，并与边界物件结合，如下右图所示。

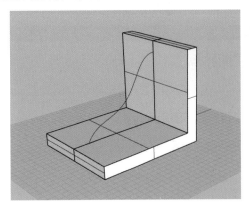 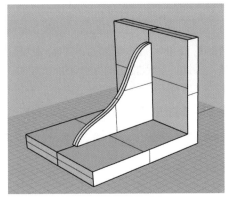

4.3 实体的编辑

实体是由封闭曲面或多重曲面组合而成，运用实体编辑命令可以保持在实体情况下进行编辑，不需要将实体分解成单个曲面进行编辑。在Rhino中，用户可以单击左侧工具栏"布尔运算连集"命令右下三角按钮，弹出"实体工具"扩展面板，可以看到布尔运算命令集，如下左图所示。也可以在"实体"菜单栏中选择相应的布尔运算命令，如下右图所示。

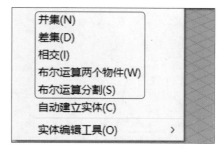

4.3.1 布尔运算

"布尔运算联集"命令：对于有一定交接的两个或两个以上的物件，减去交集部分，同时未交接的部分组合成为一个多重曲面。具体操作为：执行该命令后，按照命令行提示选取要并集的多重曲面，如下左图所示。然后按下回车键完成操作，两个物件就成为一个物件，如下右图所示。

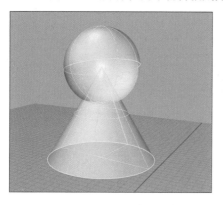
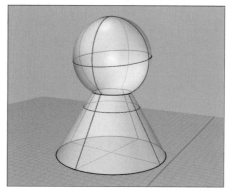

"布尔运算差集"命令：对于有一定交接的两个物件，以一个物件为剪刀，减去另一个物件。具体操作为：执行该命令后，按照命令行提示选取被剪的物件，然后按下回车键完成选取，如下左图所示。接下来选取作为剪刀的物件，按下回车键完成操作，如下右图所示。

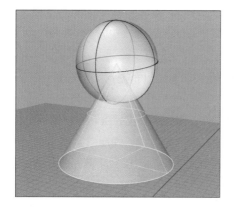
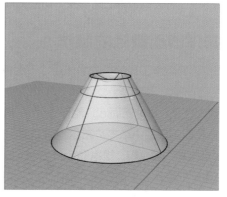

"布尔运算相交"命令：对于有一定交接的两个或两个以上物件，减去相交物件未产生交集的部分。具体操作为：执行该命令后，按照命令行提示选取需要计算相交的物件，然后按下回车键完成选取，如下左图所示。接下来选取与前物件都相交的物件，按下回车键完成操作，如下右图所示。

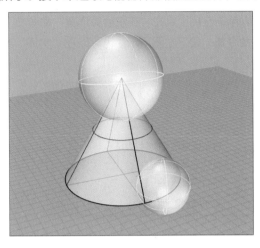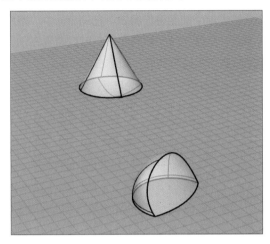

"布尔运算分割/布尔运算两个物件"命令：该命令有两种用法，左键单击该工具，我们运行的是"布尔运算分割"命令。具体操作为：执行该命令后，选择要分割的物件，按下回车键完成选取，如下左图所示。然后选取起到切割作用的物件，最后按回车键完成对物件的分割，如下右图所示。

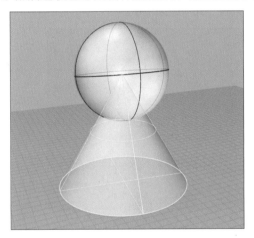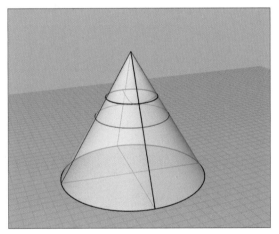

右键单击"布尔运算分割/布尔运算两个物件"命令，我们运行的是"布尔运算两个物件"命令，该命令集合了并集、差集和交集功能。具体操作为：执行该命令后，选择需要进行布尔运算的物件，接着单击鼠标左键即可在三种运算结果之间切换，切换到需要的结果后，按回车键完成操作。

实战练习 排球凹面徽标的制作

学习了布尔运算差集工具的相关操作后，下面将以制作排球上凹面徽标为例来进行练习，具体操作步骤如下。

步骤 01 首先打开"排球凹面logo制作.3dm"素材文件，徽标平面已经绘制好，如下页左图所示。

步骤 02 在左侧工具栏中单击"布尔运算联集"命令右下三角按钮，弹出"实体工具"扩展面板，找到"将面挤出至边界"命令。根据命令行提示，选取排球徽标平面，按回车键完成选取，接下来选取排球上需要印上徽标的面作为界面曲面，操作完成，如下页右图所示。

 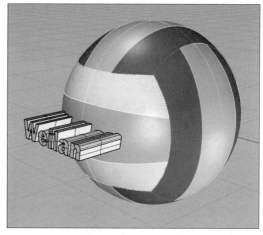

步骤 03 隐藏排球主体，单击左侧工具栏中"布尔运算联集"右下三角按钮，在弹出的"实体工具"扩展面板中选择"挤出面"命令 🔲，选择需要挤出的面，按下回车键确认，如下左图所示。

步骤 04 根据命令行提示，设置挤出长度值为1mm，在顶视图工作视窗，选择垂直于x轴方向为挤出方向（按住Shift在垂直x轴选择两点），如下右图所示。

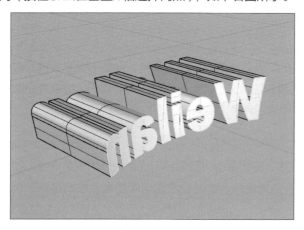 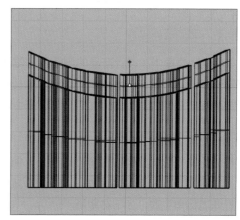

步骤 05 按回车键完成操作，如下左图所示。

步骤 06 显示隐藏的物件，单击左侧工具栏"布尔运算联集"右下三角按钮，弹出"实体工具"扩展面板，选择"布尔运算差集"命令 🔲，根据命令行提示选取排球表面，按回车键确定选取，如下右图所示。

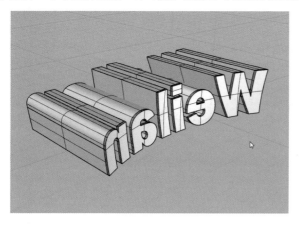 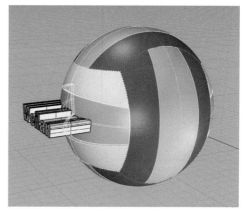

步骤 07 根据命令行提示，选取要减去其他物件的曲面（这里选择刚刚挤出的徽标实体），如下左图所示。

步骤 08 按回车键，完成操作，选择渲染模式，效果如下右图所示。

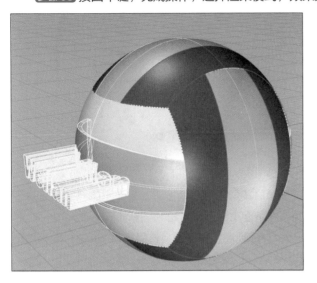 

4.3.2 实体倒角

在Rhino建模中，设计产品的倒角是非常重要的，若所建的模型没有倒角，会留下很多尖锐的边缘，不但影响美观，并且在模型渲染时，会影响模型的真实性。关于实体的倒角应用，我们可以参考曲面的倒角，前面章节已经讲过。这里我们介绍建模中最常见的四种模型倒角的技巧与方法。

（1）整体倒角

整体倒角概念，同样的倒角一起选上，倒角顺序为先大后小。首先我们介绍错误的倒角方法，如下左图所示。先将其中一条边缘倒角，然后对另外一条边缘倒角，此时会发现这条边缘无法衔接第一次倒的角，意味着倒角失败，如下右图所示。

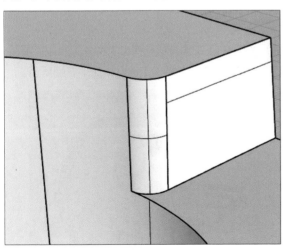 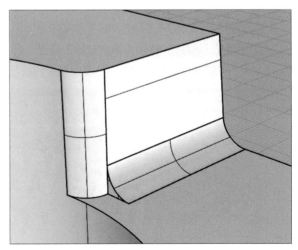

按下左图的方式选取需要的边缘来整体倒角，效果如下右图所示。整体倒角比较简单，也是最基本的倒角技能，所以能一起倒的角就不要分开进行。

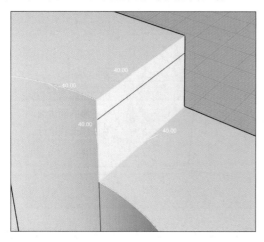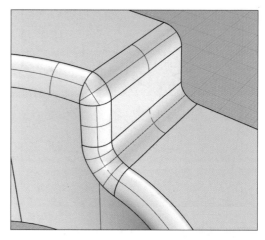

（2）倒角的大小及先后顺序

要注意的是倒角的大小及先后顺序，这是建模中经常遇到的问题。一个模型中往往有很多倒角半径，接下来我们重点讲这个问题，下左图的模型倒角半径为40mm。也就是说这个边缘圆角的半径数值为40mm，进行半径标注，如下右图所示。

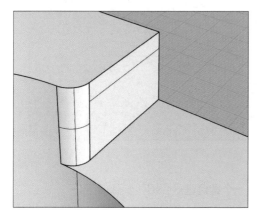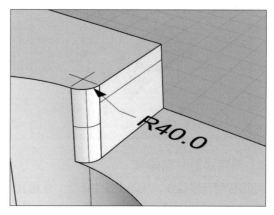

接着我们设置侧面倒角数值为35mm，可见倒角成功，未出现破角，如下左图所示。在顶视图中可见衔接面边缘未相交，也就是说未超过之前圆角的中心点，如下右图所示。

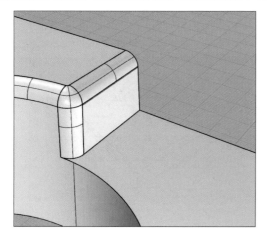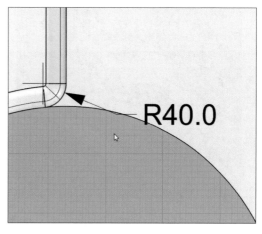

再设置倒角值为39mm，观察效果如下左图所示。我们发现衔接面逐渐接近之前的圆角中心点，如下右图标注所示。

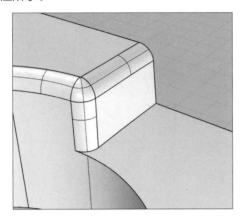 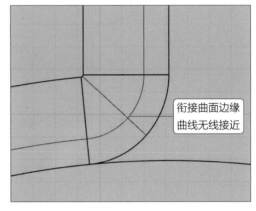

下面我们设置倒角半径为≥40mm的数值，例如半径值为45mm，如下左图所示。这时出现破面，即倒角失败，下右图发现衔接面边缘曲线相交于一点且超过之前圆角中心点。

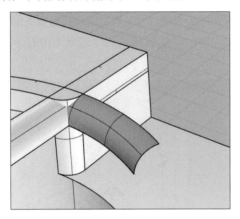 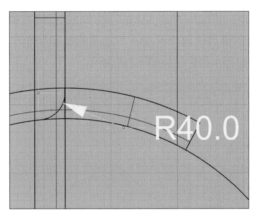

（3）倒角边避开接缝线

倒角边应避开接缝线，从防止发生破面，这里我们用一个案例进行介绍，步骤如下。

步骤01 打开素材文件"调整接缝线倒角.3dm"文件，我们先给模型倒圆角。圆角半径为1mm，如下左图所示。

步骤02 给模型全部边缘倒角40mm，如下右图所示。

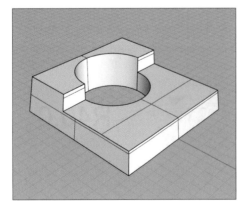 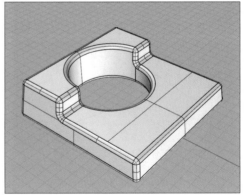

步骤 03 返回步骤01，只选中下左图一条边，这里发生了破面。

步骤 04 接着把模型对称部位也倒角，这里没有问题，如下右图所示。

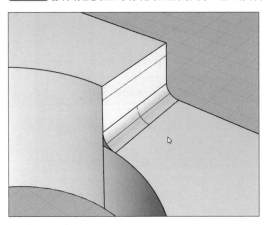 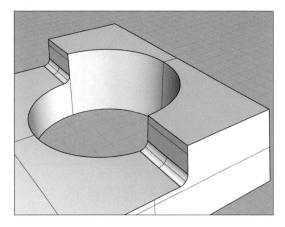

步骤 05 问题在于步骤03，这里倒圆角的时候，跨过了圆柱形面的接缝线了，所以倒角会有问题，如下图所示。

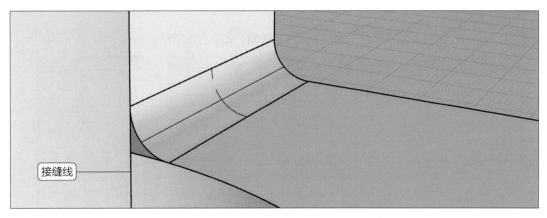

接缝线

步骤 06 选择左侧工具栏"布尔运算联集"命令集中的"抽离曲面"命令，抽离需要改接缝线的面，如下左图所示。

步骤 07 选择左侧工具栏"曲面圆角"命令集中的"调整封闭曲面的接缝"命令，更改刚刚抽离得到曲面的接缝，选择相应的位置，如下右图所示。按回车键确认。

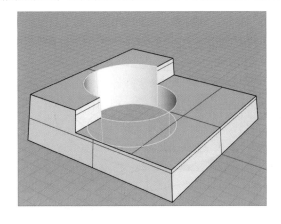 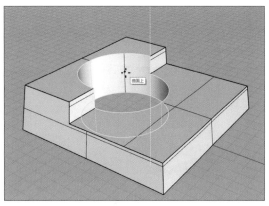

步骤 08 把两个多重曲面组合，如下左图所示。

步骤 09 接着再把刚刚的边倒角，半径为40mm，已经没有破面了，如下右图所示。

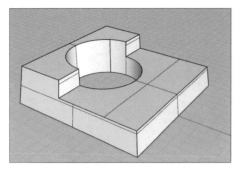 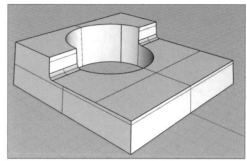

实战练习 倒角后撕裂面的修补

虽然大多数实体边缘在倒角时注意技巧就可以倒角成功，但也有一些复杂的实体边缘不能倒角成功，这里我们就需要对倒角后的撕裂面进行修补。下面用一个案例进行介绍，具体如下。

步骤 01 打开素材文件"倒角后撕裂面修补.3dm"文件，我们先给模型倒圆角。选择所有面半径值为1mm，如下左图所示。

步骤 02 圆角在交汇处发生了错误，倒角失败产生破面，如下右图所示。

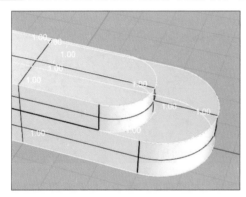 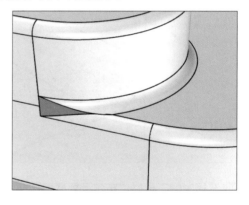

步骤 03 选择左侧工具栏"布尔运算联集"命令集下的"抽离曲面"命令，抽离两个圆角曲面，如下左图所示。

步骤 04 下面进行修补破面。先打开"物件锁点"模式 物件锁点 ，勾选"端点"前复选框 ☑端点 ，然后右键单击左侧工具栏"分割"命令，选择"以结构线分割曲面"命令，分割两个抽离倒角面，如下右图所示。

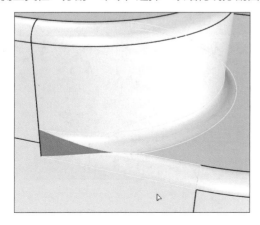 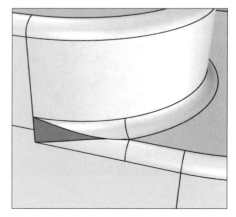

步骤 05 删除分割后不需要的曲面，然后单击左侧工具栏"组合"工具，把所有曲面组合，如下左图所示。

步骤 06 在左侧工具栏"曲面圆角"命令集下，找到"混接曲面"命令，单击下右图两条曲面边缘，弹出"调整曲面混接"工具面板，我们选择两面都是曲率连接，单击"确定"按钮，如下右图所示。

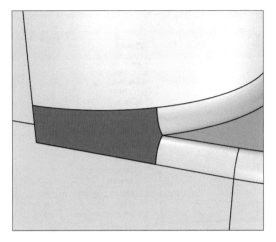
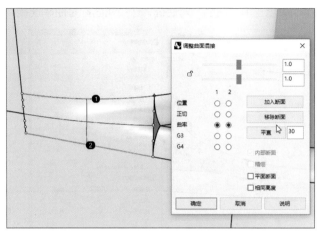

步骤 07 下面分割刚刚得到的混接曲面。首先打开"物件锁点"模式 物件锁点，勾选"中点"前复选框 ☑中点，右键单击左侧工具栏"分割"命令，选择"以结构线分割曲面"命令，选取混接曲面中点，分割混接曲面，如下左图所示。

步骤 08 接着继续运用"以结构线分割曲面"命令，分割刚刚的混接曲面，如下右图所示。

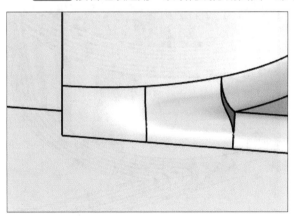
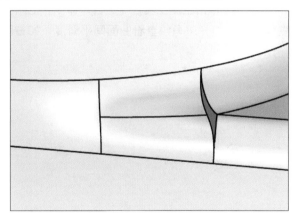

步骤 09 在左侧工具栏"曲面圆角"命令集下，找到"缩回已修剪曲面"命令，选择右图的两个曲面，为下面衔接曲面做准备。

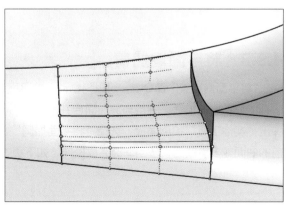

步骤 10 在左侧工具栏"曲面圆角"命令集下，找到"衔接曲面"命令，选取下左图的两条曲面边缘，弹出"衔接曲面"对话框，选择两面都是曲率连接，单击"确定"按钮。运用同样的命令接着把下面两个面也进行衔接。

步骤 11 在左侧工具栏"曲面圆角"命令集下，找到"衔接曲面"命令，选取下右图的两条曲面边缘，弹出"衔接曲面"对话框，选择两面都是曲率连接，单击"确定"按钮。

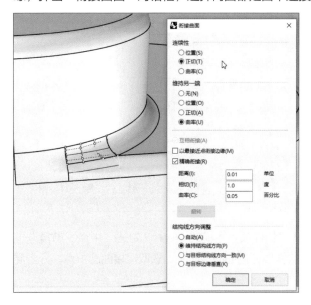
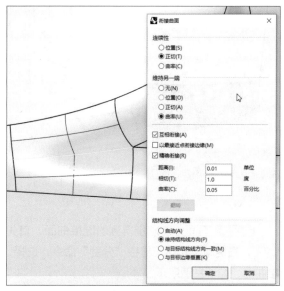

步骤 12 单击左侧工具栏"组合"命令，把所有曲面组合，打开斑马纹查看曲面间平滑度，如右图所示。

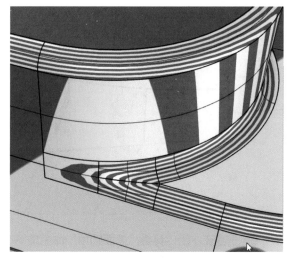

4.3.3 将平面洞加盖

"将平面洞加盖"命令 ：可以为物件上的平面洞建立平面，如果曲面或多重曲面有多个平面洞，那么所有的洞都将被加盖，并且与原曲面合并为一个物件。单击左侧工具栏"布尔运算联集"右下三角按钮，弹出"实体工具"扩展面板，选择"将平面加洞"命令，如下页左图所示。然后按照命令行提示选取要加盖的曲面或多重曲面，按回车键完成操作，如下页右图所示。

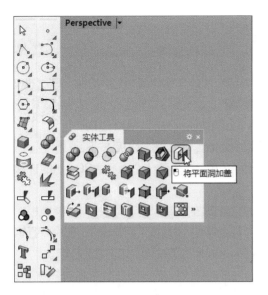

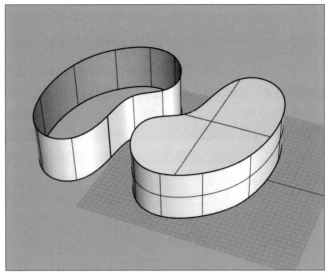

 知识延伸：抽离曲面

如果要抽离或者复制多重曲面上的个别曲面，我们可以使用"抽离曲面"工具 。

单击左侧工具栏"布尔运算联集"右下三角按钮，弹出"实体工具"扩展面板，选择"抽离曲面"命令，选取要抽离的曲面，按回车键完成抽离，如下左图所示。将抽离的曲面移开一定位置，其余曲面仍然是一个整体，如下右图所示。

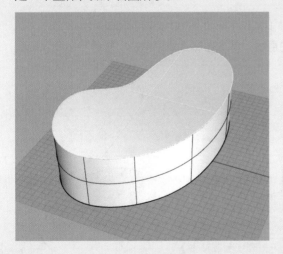

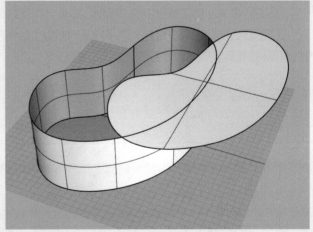

上机实训：拖车钩建模

学习了Rhino 7实体创建与编辑的相关操作等内容后，下面以一个拖车钩建模为例，介绍圆管的创建、挤出实体、圆柱管的创建等命令的应用，具体步骤如下。

扫码看视频

步骤 01 单击左侧工具栏中的"立方体：角对角、高度"右下三角按钮，弹出"实体边栏"扩展面板，选择"环状体"命令。在顶视图中以坐标原点为环状中心点（可直接输入0后按下回车键），在命令行输入半径值为30mm，接着输入第二半径值为10mm，创建一个直径为20mm的环状体，如下左图所示。

步骤 02 单击左侧工具栏中"立方体：角对角、高度"右下三角按钮，弹出"实体边栏"扩展面板，选择"圆柱体"命令。选择右视图，以坐标原点为圆柱中心点（可直接输入0后按下回车键），在命令行输入半径值为15mm，接着输入圆柱高度为12mm，创建一个直径为30mm的圆柱体，如下右图所示。

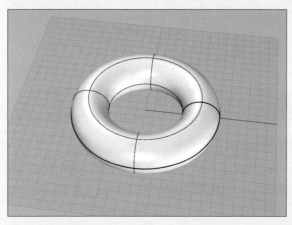
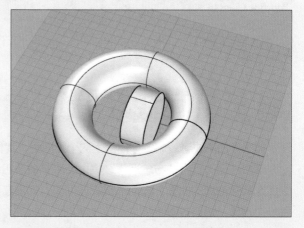

步骤 03 单击左侧工具栏中的"移动"命令，把圆柱体沿x方向移动70mm，如下左图所示。

步骤 04 选择右视图，绘制一条平行于x轴且过原点的直线，单击左侧工具栏中的"修剪"命令。把圆柱体和环状体原点以下部分剪除，如下右图所示。

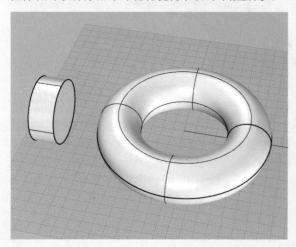
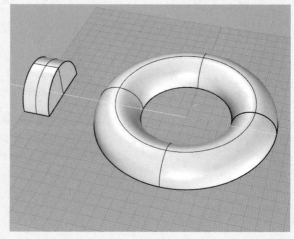

步骤 05 单击左侧工具栏中"布尔运算联集"右下三角按钮，弹出"实体工具"扩展面板，选择"抽离曲面"命令。抽掉圆柱多重曲面一个面，如下左图所示。

步骤 06 单击左侧工具栏中的"投影曲线或控制点"右下三角按钮，弹出"从物件建立曲线"扩展面板，选择"复制边缘"命令。复制两条曲线，按回车键复制完成，如下右图所示。

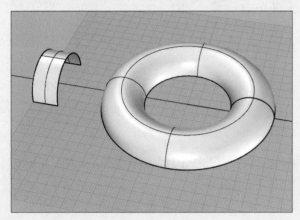 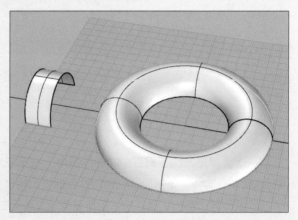

步骤 07 在顶视图中，隐藏曲面和多重曲面，单击左侧工具栏中"圆弧：中心点、角度"右下三角按钮，弹出"圆弧"扩展面板，右键单击"圆弧：与数条曲线相接"命令，绘制一个与刚刚提取的曲线相切，半径为40mm的圆，如下左图所示。

步骤 08 在顶视图中，以坐标原点为圆心绘制一个半径为25mm的圆，以坐标原点和刚刚绘制的弧线画一条直线并以x轴镜像，选取三条曲线进行裁剪，然后运用组合命令组合为一条曲线，效果如下右图所示。

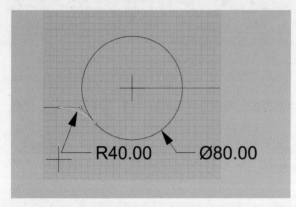 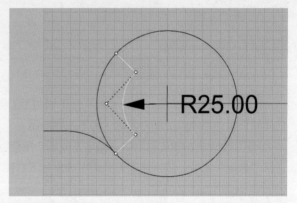

步骤 09 运用刚刚得到的组合曲线，裁剪环状曲面，如右图所示。

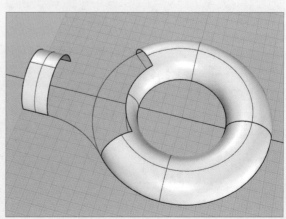

步骤 10 单击左侧工具栏中"投影曲线或控制点"右下三角按钮，弹出"从物件建立曲线"扩展面板，选择"抽离结构线"命令。抽离两个曲面的结构线，如右图所示。

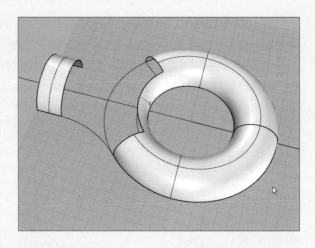

步骤 11 单击左侧工具栏中"曲线圆角"右下三角按钮，弹出"曲线工具"扩展面板，选择"可调式混接曲面线"命令。选择刚刚抽离的两条曲线进行混接，如下左图所示。

步骤 12 单击左侧工具栏中"指定三或四个角建立曲面"右下三角按钮，弹出"曲面边栏"扩展面板，选择"直线挤出"命令。分别将得到混接曲线和半径为40mm的圆弧挤出曲面，如下右图所示。

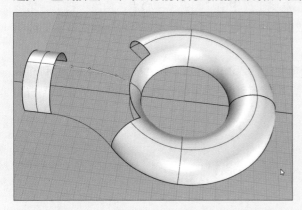
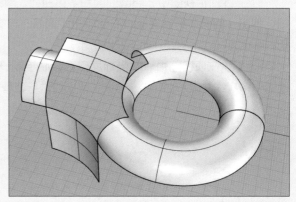

步骤 13 选择顶视图，绘制一条平行于x轴且过原点的直线，单击左侧工具栏中的"修剪"命令。把圆柱体和环状体原点以上部分剪除，如下左图所示。

步骤 14 单击左侧工具栏中"指定三或四个角建立曲面"右下三角按钮，弹出"曲面边栏"扩展面板，选择"嵌面"命令。依次选取五条边，效果如下右图所示。

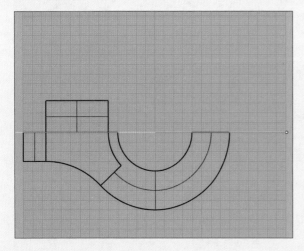
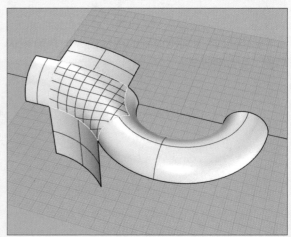

步骤15 删除辅助面，组合圆柱曲面、环状曲面以及刚刚得到的嵌面，如下左图所示。

步骤16 在前视图和顶视图，分别以x轴镜像两次，如下右图所示。

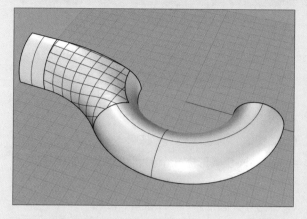

步骤17 单击左侧工具栏中"立方体：角对角、高度"右下三角按钮，弹出"实体边栏"扩展面板，选择"圆柱体"命令。创建一个外径为20mm、内径为15mm的圆柱体，设置距离为20mm，得到右图所示的圆柱管。

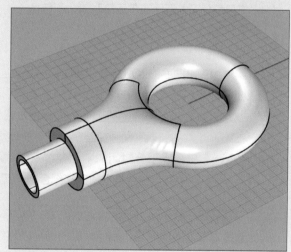

步骤18 单击左侧工具栏中"布尔运算联集"命令。将两个多重曲面组合为一个，并打开渲染模式，如右图所示。

课后练习

一、选择题

（1）使用"挤出平面"命令进行非平面的曲线挤出时，用户可使用工作视窗中的（　　）轴为预设的挤出方向。

    A. x 轴　　　　　　　　B. y 轴　　　　　　　　C. 平行轴　　　　　　　　D. z 轴

（2）标准实体包括单一曲面实体和多重曲面实体，下列不是单一曲面的是（　　）。

    A. 球体　　　　　　　　B. 立方体　　　　　　　　C. 椭圆体　　　　　　　　D. 环状体

（3）多重曲面由两个或两个以上曲面组合而成，当多重曲面包裹形成一个封闭空间以后它就是实体。下面（　　）为多重曲面实体。

    A. 球、环状体　　　　B. 椭圆体、球　　　　　C. 立方体、圆锥体　　　D. 圆管、曲面

（4）在Rhino 7中运用布尔运算联集，不包括（　　）。

    A. 差集　　　　　　　　B. 并集　　　　　　　　C. 交集　　　　　　　　D. 联集

二、填空题

（1）实体和多重曲面的区别在于：实体是＿＿＿＿＿＿，而多重曲面可能是＿＿＿＿＿。

（2）在Rhino 7中，建立圆管，命令行加盖选项可以切换圆管端面的加盖方式，包含"＿＿＿＿＿＿""＿＿＿＿＿＿"和"＿＿＿＿＿＿"3种方式。

（3）在Rhino 7中，"以平面洞加盖"命令要求必须是＿＿＿＿＿＿才能加盖。

（4）"凸毂"命令用于将封闭的平面曲线从曲线平面垂直的方向挤出至边界曲面，边界曲面会被＿＿＿＿＿＿并与曲线挤出的曲面组合在一起。

三、上机题

通过本章内容的学习，相信大家已经可以熟练掌握实体的创建、编辑和修改，利用本章所学知识，进行巩固练习。打开"泵管.3dm"，所需草图已经绘制好，如下左图所示。给素材文件加上肋，泵管的最终效果如下右图所示。

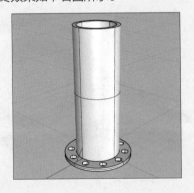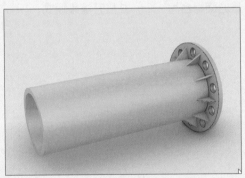

操作提示

① 单击左侧工具栏"立方体：角对角、高度"右下三角按钮，弹出"实体边栏"工具面板，单击"挤出曲面"右下三角按钮，弹出"挤出建立实体"扩展工具面板，执行"肋"命令。

② 单击左侧工具栏"移动"右下三角按钮，弹出"变动"工具面板，找到"环形阵列"命令。阵列生成肋的曲线，接着运用"肋"命令依次生成所有肋。

第5章 网格建模

本章概述

　　本章将对网格建模的相关知识进行介绍，包括使用Rhino创建网格面和网格体的基本方法，了解网格面与NURBS面的关系，应用网格编辑工具，进行网格面和网格体的检查，并对常见错误进行修正等。

核心知识点

❶ 了解网格面与NURBS面的关系
❷ 掌握创建标准网格体的基本方法
❸ 掌握网格体的编辑和检查
❹ 了解网格面的常见错误及修正方式

5.1 了解网格

　　在Rhino中，网格的作用主要体现在将NURBS复合曲面转化成网格曲面。由于只有少数工程软件才需要使用NURBS复合曲面，进行结构表现或其他用途，如下左图所示。因此在大部分情况下，Rhino的模型都需要涉及网格化。例如模型进行厚度分析时，需要先把NURBS曲面转化为在造型上近似NURBS曲面的网格物体，通过使用这个网格物体代替分析物件的厚度，如下右图所示。而且到后期，在材质贴图以及与其他软件进行数据交换时，都需要先网格化，因为这直接决定了物体表现的最终品质和精度。

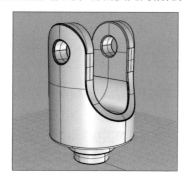

5.1.1 关于网格面

　　以网格曲线为骨架，蒙上自由曲面生成的曲面称之为网格面，网格曲线是由特征线组成横竖的相交线。下面对网格面生成思路进行介绍。

　　首先构造曲面特征的网格线，确定曲面的初始骨架形态，然后用自由曲面差值特征网格线生成曲面。特征网格线可以是曲面边界线或曲面截面线等。在Rhino中，网格是若干定义多面体形状的顶点和多边形的集合，包含三角形和四边形面片，下图为网格球体的三角形和四边面两种状态。

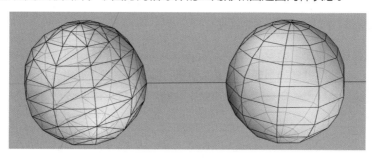

5.1.2 网格面与NURBS曲面的关系

要了解网格面与NURBS曲面的关系，首先要知道网格面与NURBS曲面的异同。

NURBS和网格都是一种建模方式（其他软件也有），NURBS建模方式最早起源于造船业，它的理念是曲线概念，其物体都是用一条条曲线构成的面，如下左图所示。而网格建模是由一个个面构成物体，如下右图所示。这两种建模方式中，NURBS建模方式侧重于工业产品建模，而且不用像网格那样展开UV，因为NURBS是自动适配UV。网格建模方式侧重于角色、生物建模，因为其修改起来比NURBS方便。

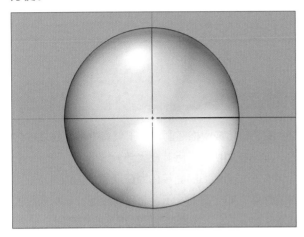
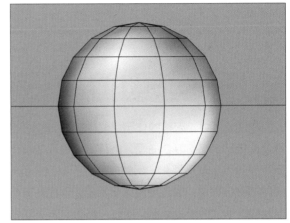

5.2 创建网格模型

在三维建模中，网格对象与几何参数对象的区别主要在于：几何参数对象采用参数化的整体控制模式，而网格对象没有几何控制参数，采用的是局部的次级构成控制方式。用户可以单击左侧工具栏"转换曲面/多重曲面为网格"命令右下三角按钮，弹出"网格工具"扩展面板，如下左图所示。也可以通过标准栏中"网格"工具栏和"网格"菜单找到这些工具和相应的命令，如下中图和下右图所示。

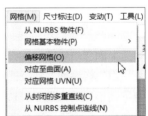

5.2.1 转换曲面/多重曲面为网格

"转换曲面/多重曲面为网格"命令◉：可以将NURBS曲面或多重曲面转换为网格曲面。具体操作方式为：执行该命令后，选择需要转换为网格对象的模型，按下回车键，此时会弹出"网格选项"对话框，如下页左图所示。设定网格转换选项并预览后，单击"确定"按钮完成操作，如下页右图所示。

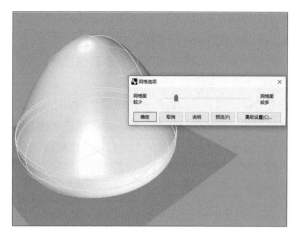 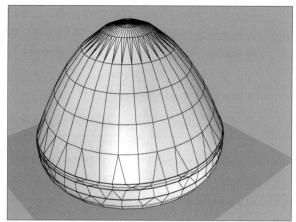

使用"转换曲面/多重曲面为网格"命令转换曲面、多重曲面或挤出物件为网格时，会弹出下图的"网格选项"对话框，下面对该对话框中相关选项的含义进行介绍。

- **网格面较少/网格面较多**：调整滑块的位置，粗略地控制网格的密度。
- **预览**：渲染网格的设定修改后，可以单击该按钮预览效果，不满意可以再进一步修改设定。
- **高级设置**：单击该按钮，将打开"网格详细设置"对话框，如右下图所示。

下面对"网格详细设置"对话框中相关选项的含义进行介绍。

- **密度**：以一个程序控制网格边缘与原来的曲面之间的距离，数值介于0与1之间，数值越大建立的网格面越多。
- **最大角度**：设定相邻的网格面的法线之间允许的最大角度，如果相邻的网格面的法线之间的角度大于这个设定值，网格会进一步细分，网格的密度会提高。

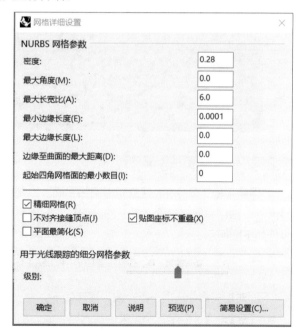

- **最大长宽比**：曲面一开始会以四角形网格面转换，然后进一步细分。起始四角网格面大小较平均，这些四角网格面的长宽比会小于最大长宽比的设定值。
- **最小边缘长度**：当网格边缘的长度小于最小边缘长度的设定值时，不会再进一步细分网格。
- **最大边缘长度**：当网格边缘长度大于设定值时，网格会进一步细分，直到所有的网格边缘的长度都小于设定值。
- **边缘至曲面的最大距离**：网格会一直细分，直到网格边缘的中点与NURBS曲面之间距离小于该设定值。
- **起始四角网格面的最小数目**：该参数设置是将NURBS曲面转换成网格的第一阶段，建立起始四角网格面时并不会考虑曲面的修剪边缘。在起始四角网格面建立完成以后才会开始将曲面的修剪边缘与四角网格面连接，如果勾选"精细网格"复选框，网格面会再进一步细分。

- **精细网格**：勾选该复选框，网格转换开始后，Rhino会一直不断地细分网格，直到网格符合最大角度、最小边缘长度、最大边缘长度及边缘至曲面最大距离的设定值。
- **不对齐接缝顶点**：勾选该复选框，所有曲面可以独立转换网格，转换后的网格在每个曲面的组合边缘处会产生缝隙，可用于网格转换目的不需要水密的网格。取消勾选该复选框，才可建立水密的网格。不对齐接缝顶点时，网格转换较快，网格面较少，但渲染时会在曲面的组合边缘处出现缝隙。
- **平面最简化**：勾选该复选框，转换网格时先分割边缘，然后以三角形网格面填满边缘内的区域。修剪边缘复杂的平面可以勾选这个选项转换网格，虽然速度较慢、网格面较少。
- **贴图座标不重叠**：勾选该复选框，使多重曲面中每个曲面的贴图坐标不重叠。
- **预览**：用于在工作视窗里预览结果，设定变更后要单击"预览"按钮，工作视窗里物件的渲染网格才会更新。

5.2.2　创建单一网格面

"单一网格面"命令 ：绘制单一网格面，边数没有限制。具体操作方式为：执行该命令后，按照命令行提示选取多边形的第一个角，如下左图所示。接着选取多边形第二个角以及第三个角，一个网格面至少需要三个点，选择所有点后，按下回车键，创建一个面，如下右图所示。

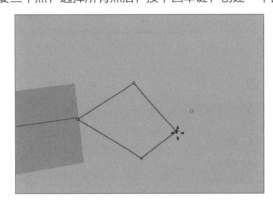 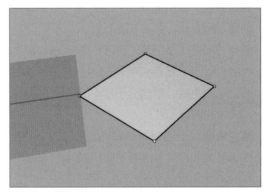

5.2.3　创建网格平面

"网格平面"命令 ：建立矩形网格平面。绘制的方法与矩形的创建方法大体相同，用户可以参考创建矩形的方法创建网格平面。唯一的区别是，网格平面可以设置 x 方向面的数量以及 y 方向面的数量，其命令行如下图所示。

> 矩形的第一角（三点(P) 垂直(V) 中心点(C) 环绕曲线(A) X数量(X)= 10 Y数量(Y)= 10）：

下面对相关命令选项进行介绍，具体如下。

- **三点**：通过指定三个点来创建网格平面，前面两个点定义一条边的长度，第三个点定义网格平面的宽度。
- **垂直**：创建与工作平面垂直的网格平面，同样是通过指定三个点来创建。
- **中心点**：通过指定中心点和一个角点来创建网格平面。
- **环绕曲线**：指定曲线上一点建立垂直于该条曲线的网格平面。
- **X数量 / Y数量**：这两个选项分别用于控制矩形网格 x 方向和 y 方向的网格数。

5.2.4　创建网格标准体

同前面章节介绍NURBS实体模型一样，Rhino为网格模型提供了一些标准体，包括网格立方体、网格圆柱体、网格圆锥体、网格平顶锥体、网格球体、网格椭圆体、网格环状体7种类型。创建各种网格标准体的方法与前面章节介绍的标准实体一致，不同的是，创建网格实体时命令行中会多出一项控制网格数的选项。例如，创建网格立方体 时，命令行如下图所示。其中"X数量"表示 x 方向的网格面数，"Y数量"表示 y 方向的网格面数，"Z数量"表示 z 方向的网格面数。

底面的第一角（对角线(D) 三点(P) 垂直(V) 中心点(C) X数量(X)= 10 Y数量(Y)= 10 Z数量(Z)= 10）：

创建其他标准体时，命令行同样会多出关于网格面数的设置选项，这里就不一一列举了。

提示：支持多边形网格软件

目前有很多软件的模型都是用多边形网格来近似表示几何体，例如3D Studio Max、LightWave、AutoCAD中的dxf格式都支持多边形网格。所以Rhino也可以生成网格对象或者把NURBS的物件转换为网格对象，以支持3ds、lwo、dwg、dxf、stl等文件格式。

5.3　网格编辑

与曲面模型一样，用户可以单击左侧工具栏"转换曲面/多重曲面为网格"命令右下三角按钮，弹出"网格工具"扩展面板命令集，选择所需要的命令，如下左图所示。也可以在菜单栏中执行"网格>编辑工具"命令，然后在子菜单中选择所需的网格编辑命令进行网格面的编辑修改，如下右图所示。

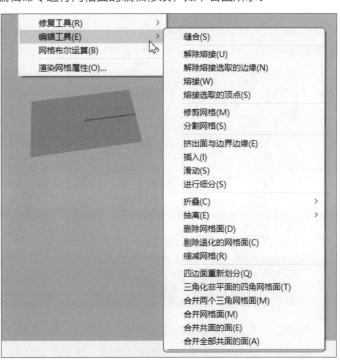

5.3.1 熔接网格

"熔接网格"命令用于将组合在一起的数个顶点合并为单一顶点，原来的网格顶点内含的贴图坐标、法线向量信息等会被平均、重建、破坏。网格顶点熔接后由一个以上的网格面共用，顶点的法线为相邻网格面法线的平均值。

用户可以在左侧工具栏单击"转换曲面/多重曲面为网格"命令右下三角按钮，弹出"网格工具"扩展面板命令集，单击"熔接网格"命令右下三角按钮，弹出"熔接"工具面板，选择所需的命令，如下左图所示。也可以在菜单栏中执行"网格>编辑工具"命令，然后在子菜单中选择相应的熔接网格命令，如下右图所示。

"熔接网格/解除熔接网格"命令 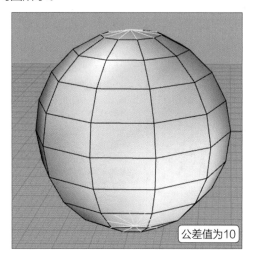：可以熔接重合的网格顶点。具体操作方式为：左键单击该命令后，按照命令行提示选取要熔接的网格，按下回车键完成选取。此时命令行提示输入角度公差，如果同一个网格的不同边缘有顶点重合在一起，而且网格边缘两侧的网格法线之间的角度小于角度公差值，重叠的顶点会以单一顶点取代。不同网格组合而成的多重网格在熔接顶点以后会变成单一网格，改变角度公差时，公差范围内被熔接的边缘将会醒目提示。输入公差值并按下回车键完成操作，不同公差值的对比效果如下两图所示。

公差值为10

公差值为30

右键单击"熔接网格/解除熔接网格"命令 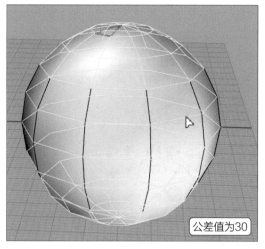，可以解除熔接网格。具体操作方式为：右键单击该命令后，按照命令行提示选取要解除熔接的网格，按下回车键完成选取。然后设置公差值，按下回车键完成操作。在命令行中，设置"修改法线"为"是"时，表示顶点解除熔接后使用所属的网格面的法线方向，所以网格在渲染模式下看起来会有明显的网格边缘。设置"修改法线"为"否"时，表示顶点解除熔接后法线方向维持不变，所以网格在渲染模式下看起来依然平滑。

"熔接网格顶点"命令 ： 可以将选取的数个顶点合并为单一顶点。用户使用该工具时，可以只熔接选取的网格顶点，而不必熔接整个网格。"熔接网格顶点"命令不像"熔接网格"命令由熔接角度公差设定，用户可以打开网格的顶点，使用框选需要熔接的网格顶点再执行命令，或先执行指令再点选个别的网格顶点。具体操作方式为：左键单击该命令后，按照命令行提示选取要熔接的网格顶点，选取后按回车键即可，如下左图所示。熔接网格顶点后效果，如下右图所示。

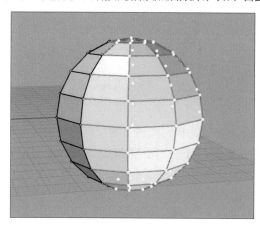
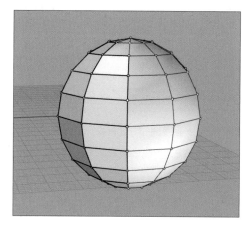

"熔接网格边缘"命令 ： 用于沿着选取的边缘将组合在一起的数个网格顶点合并为单一顶点。选择"熔接网格边缘"命令后，选取网格，然后选取同一个网格的边缘，如下左图黄线所示。红色是已经焊接过的边缘，按下回车键完成操作。此时沿着该边缘在一起的数个顶点已经焊接为单一顶点，效果如下右图所示。

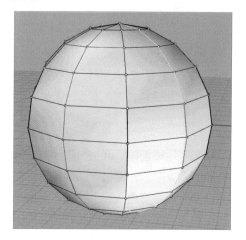
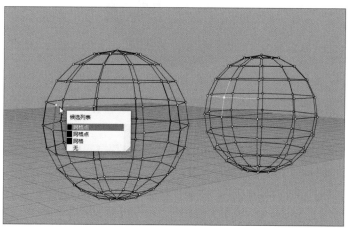

右击"熔接网格边缘"按钮 ，该命令变为"解除熔接网格边缘"，用于将选取的网格边缘顶点分离。首先选取该命令，然后按照命令行的提示选取同一个网格的边缘，按下回车键完成操作。

执行"解除熔接网格边缘"命令时，在命令行中设置"修改法线"为"是"时，表示顶点解除熔接后使用所属的网格面的法线方向，所以网格在渲染模式下看起来会有明显的网格边缘。选择"修改法线"为"否"时，表示顶点解除熔接后法线方向维持不变，所以网格在渲染模式下看起来依然平滑。

在着色模式下查看平滑的效果时，这两个网格物件看起来区别不是特别明显，如下页图所示。

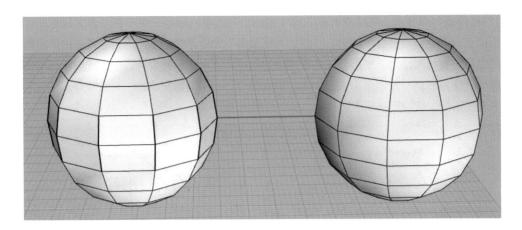

在渲染模式下查看平滑的渲染效果时，对比比较明显，因为橙色网格上的顶点都熔接在一起，看起来比较平滑。而紫色网格的顶点只是重叠在一起，并未熔接，每一个网格面的边缘都清晰可见，如下图所示。

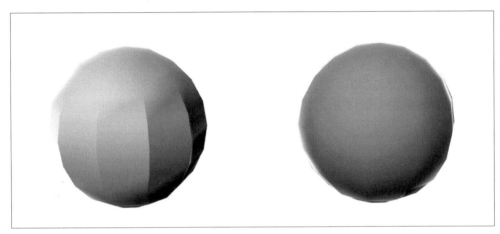

5.3.2　网格布尔运算

网格布尔运算与曲面实体布尔运算一样有网格布尔运算联集、网格布尔运算差集、网格布尔运算交集和网格布尔运算分割4种运算方式，用户可以单击左侧工具栏"转换曲面/多重曲面为网格"命令右下三角按钮，弹出"网格工具"扩展面板命令集，单击"网格布尔运算联集"命令右下三角按钮，弹出"网格布尔运算"命令集，如下左图所示。也可以在菜单栏中执行"网格>网格布尔运算"命令，然后在子菜单中选择所需的网格布尔运算命令进行网格面的编辑，如下右图所示。

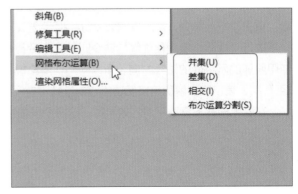

5.3.3　检查网格

"检查物件"命令☑：用于汇报选取物件的数据结构错误，是检测潜在几何数据的主要工具。具体操作方式为：执行该命令后，按照命令行提示选取检查的物件，按下回车键完成选取，此时会弹出"检查"对话框，如下左图所示。用户可以根据对话框中的提示删除或者修改有错误的物件。若显示网格正常，则表示网格没有错误，但不代表可以正常输出为某些文件格式，如下右图所示。

5.3.4　网格面常见错误及修正方式

下面介绍一下网格常见的错误及其对应的修正方式。

（1）退化的网格面

所谓退化的网格面是指面积为0的网格面或者长度为0的网格边缘，使用"剔除退化的网格面"命令📇将它删除。具体操作方式为：执行该命令后，按照命令行提示选取有问题的网格面，按下回车键完成选取，此时面积为0的退化网格面就被删掉并且遗留下的孤立顶点也会被删除。

（2）外露的网格边缘

外露的网格边缘是指未与其他边缘组合的网格边缘，网格上可以有外露边缘存在，但在输出为其他格式的文件时可能发生问题。"显示边缘"命令可以查找物件上的外露边缘，如下左图所示。"填补网格洞/填补全部网格洞"和"衔接网格边缘"命令可以用来消除外露的边缘。

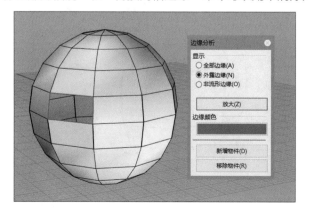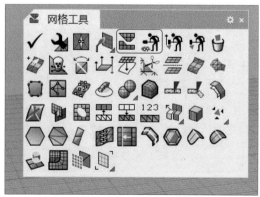

"填补网格洞/填补全部网格洞"命令 ：左键单击该命令，可以填补网格物件上选取的洞。具体操作为：选取该命令后，根据命令行提示选取洞边界上的网格边缘，如下左图所示。选取边界后系统自动填补，如下右图所示。

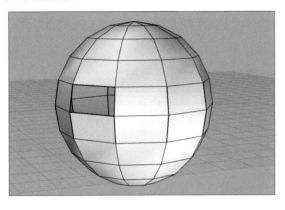 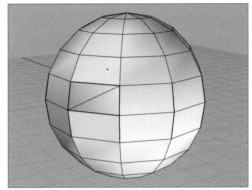

右键单击"填补网格洞/填补全部网格洞"命令 ，该命令变为"填补全部网格洞"，用于填补网格物件上所有的洞。该命令同样可以用来修复网格物件，让网格物件可以快速原型加工。具体操作为：选取该命令，然后按照命令行的提示选取网格，如下左图所示。系统会自动填补所有网格洞，效果如下右图所示。

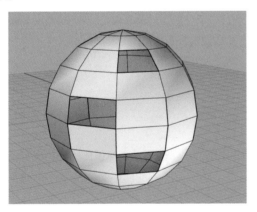 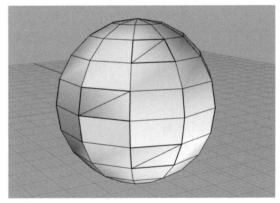

"衔接网格边缘"命令 ：用于缝合网格边缘的缝隙。具体操作为：选取该命令，然后按照命令行的提示选取网格，按下回车键确认操作，如下左图所示。即可继续选取下一组或者按下回车键完成操作，如下右图所示。

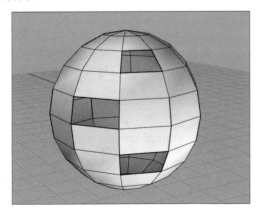 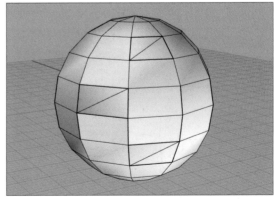

在运用"衔接网格边缘"命令缝合网格物件的缝隙时，命令行如下图所示。

> 选取网格，按 Enter 完成 (选取网格边缘(P) 要调整的距离(D)=0.001 渐增方式(R)=打开):

下面对相关的命令选项进行介绍，具体如下。

- **选取网格边缘：**选取要衔接的特定网格边缘。
- **要调整的距离：**用于设定距离公差，网格中任何部分的移动距离都不会大于设定的公差。选取整网格时，使用较大的公差可能会产生不可预期的结果，最好只在用户想要封闭特定的网格边缘时才使用较大的公差值。
- **渐增方式：**网格边缘衔接会经过四个阶段，从小于用户所设定的公差开始，每个阶段逐步加大公差直到用户所设定的公差，使较短的网格边缘先被衔接，然后再衔接较长的网格边缘。

提示：衔接网格注意事项

- "衔接网格边缘"命令会先将网格顶点衔接，再分割网格边缘，衔接多余的网格顶点。
- "衔接网格边缘"命令常用在整个网格或被选取的网格边缘。
- 在网格边缘衔接前，红色的网格边缘是缝隙。

（1）重复的网格面

如果网格面中存在重复的网格面，可以使用"抽离网格面"命令🔲，将其抽离。

（2）网格面的法线方向不一致

网格有"顶点法线"和"网格面法线"两种法线，所有的网格都有法线方向，但有些网格没有顶点法线，例如3D面、网格标准体以及不是以3dm或3ds格式导入的网格都没有顶点法线。

通常，网格面顶点的顺序决定了网格面的法线方向，顶点顺序必须是顺时针或逆时针方向，如果网格面的顶点顺序不一致，就会导致网格面的法线方向不一致。使用"统一网格法线/反转网格法线"工具🔲可以使所有熔接后的网格面的顶点顺序一致。

提示：使用"统一网格法线"命令注意事项

如果"统一网格法线/反转网格法线"工具无法对网格发生作用，请先将网格炸开，将网格面的法线方向统一以后再组合一次。

（3）未相接的网格

对于边缘未接触，但组合在一起的网格，如果要将其分开，可以使用"分割未相接的网格"工具🔲。启用工具后选择需要分割的组合网格，按回车键即可。

（4）孤立的网格点

孤立的网格点通常不会造成问题，因此可以不用理会。

（5）分散的网格点

如果出现原本应该处于同一个位置的许多顶点，因为某些因素而被分散的情况，可以使用"以公差对齐网格顶点"工具🔲进行修复。启用该工具后，需要注意命令行中"要调整的距离"选项，如果网格顶点之间的距离小于该选项设置的距离，那么这些顶点会被强迫移动到同一个点。

5.3.5 其他网格编辑工具

这里简单介绍一下在实际工作中可能会用到的其他网格编辑工具，如下表所示。

工具名称	工具图标	功能介绍
重建网格法线		该工具可以删除网格法线，并以网格面的定位重新建立网格面和顶点的法线
重建网格		该工具可以去除网格的贴图坐标、顶点颜色和曲面参数，并重建网格面和顶点法线。常用于重建工作不正常的网格
删除网格面		删除网格物件的网格面产生网格洞
嵌入单一网格面		以单一网格面填补网格上的洞
对调网格边缘		对调有共享边缘的两个三角形网格面的角，选取的网格边缘必须是两个三角形网格面的共享边缘
对应网格至NURBS曲面		以被选取的网格同样的顶点数建立另一个包覆于曲面上的网格。该工具只能作用于从NURBS转换而来具有UV方向数据的网格
分割网格边缘		分割一个网格边缘，产生两个或更多的三角形网格面
对应网格UVN		根据网格和参数将网格和点物件包覆到曲面上
四角化网格		将两个三角形网格面合并成一个四角形网格面
三角化网格/三角化非平面的四角网格面		将网格上所有的四角形网格面分割成两个三角形网格面
缩减网格面数/三角化网格		缩减网格物件的网格面数，并将四角形的网格面转换为三角形
以边缘长度折叠网格面		移动长度大于或小于指定长度的网格边缘的一个顶点到另一个顶点
用四边面重构网格		可从现有曲面、网格或细分物件快速创建具有优化拓扑结构的四边形网格。该工具使用独特的算法来生成可管理的多边形网格，非常适合用于渲染、动画、CFD、FEA 和逆向工程

实战练习 2022世界杯纪念币模型建模练习

学习了网格面额建立与编辑的基本操作后，下面将对创建一个世界杯纪念币模型的操作进行详细介绍，具体步骤如下。

步骤 01 这里先创建网格纪念币凸面，单击"建立网格"工具面板中"以图片灰阶高度"命令建立纪念币网格平面，选择该命令后打开图片素材文件"2022世界杯纪念币"确定大小，如右图所示。

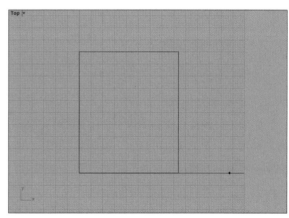

步骤02 此时将弹出"灰阶高度"对话框，设置取样点参数为300×200、高度为1mm，勾选"加入顶点色"复选框，选择建立方式为"顶点在取样位置的网格"单选按钮，如右图所示。

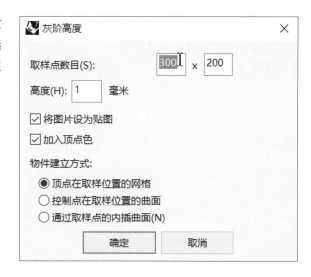

步骤03 单击"确定"按钮，即可完成建立，如下左图所示。

步骤04 选择Right视图，调整网格面位置，如下右图所示。

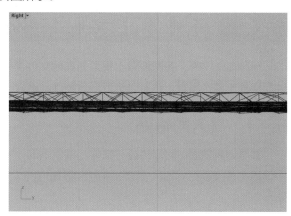

步骤05 选择"立方体：角对角 高度"命令，创建一个长50mm、宽42mm、高5mm的立方体，如下左图所示。

步骤06 选择左侧工具栏"转换曲面/多重曲面为网格"右下三角按钮，弹出"网格工具"扩展面板，选择"对应网格UVN"命令，将刚做好的网格对应至立方体上，效果如下右图所示。

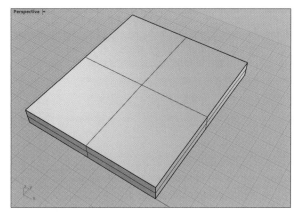
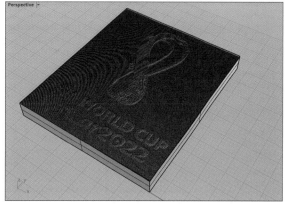

步骤 07 然后对2022世界杯纪念币造型进行渲染，最终效果如右图所示。

5.4 网格面的导入与导出

在Rhino 7中，有两种导出模型为其他文件类型的方法，用户可以使用"另存为"命令选择特定的文件类型导出整个模型，也可以选取部分物件，再以"导出选取物件"命令进行导出。

5.4.1 导入网格面

要导入网格面，可以执行"文件"菜单下的 "导入"命令，如下左图所示。在打开的"导入"对话框中选取文件类型为"STL（Stereolithography）（*.stl）"，然后单击"打开"按钮，导入文件，如下右图所示。

弹出"STL导入选项"对话框，如右图所示。下面对该对话框中各参数的含义进行介绍，具体如下。

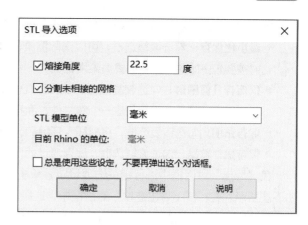

- **熔接角度：** 用于设置熔接法线夹角小于该角度值的网格面。
- **分割未相接的网格**：决定导入网格时，是否将未相接但组合在一起的网格分开。
- **STL模型单位**：如果STL文件内含单位信息，使用的单位会显示在这里。
- **目前Rhino的单位**：显示当前文件的单位，只有在执行导入和插入的操作时才会出现。

提示：两个Rhino文件快速导入

Rhino可以同时打开多个窗口，每个窗口编辑一个文件。当一个窗口的模型要导入到另一个窗口时，Rhino软件可以通过"复制>粘贴"模式，也就是在一个窗口中先复制需要导入的文件（Ctrl+C），接着到另外一个窗口中粘贴（Ctrl+V）即可，方便快捷。

5.4.2 导出网格面

用户可以执行"文件"菜单下的"导出选取的物件"命令来导出文件，如下左图所示。在打开的"导出"对话框中更改保存类型为"STL（Stereolithography）（*.stl）"，然后在"文件名"文本框中输入要导出的文件名称，单击"保存"按钮即可，如下右图所示。

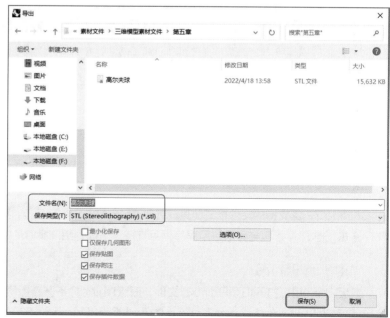

下面对"导出"对话框中主要复选框的含义进行介绍，具体如下。

- **最小化保存**：勾选该复选框，可以清除渲染、分析网格。虽然可以让文件变小，但下次打开该文件时需要较多的时间重新计算渲染网格。
- **仅保存几何图形**：勾选该复选框，仅保存几何图形，不保存图层、材质、属性、附注、单位设置。类似于导出物件，只会创建一个新文件，而不会成为当前打开的Rhino模型文件。
- **保存贴图**：勾选该复选框，将材质、环境和印花所使用的外部贴图嵌入到模型文件中。
- **保存插件数据**：勾选该复选框，保存通过插件附加到物件或文件的数据。

在"导出"对话框中进行相关选项设定并单击"保存"按钮后，将弹出"STL导出选项"对话框，如下图所示。在"STL导出选项"对话框中，选择"二进位"或者"Ascii"（文本格式）单选按钮，勾选"导出开放的物件"复选框。某些快速成型机只能读取完全封闭的STL网格文件，在将模型导出为STL文件做快速原型输出之前，最好先确定导出的STL网格是否符合快速原型机的需求，然后单击"确定"按钮完成导出操作。

> **提示：先网格化再导出**
>
> 　　我们也可以先运用"转换曲面/多重曲面为网格"命令 ，将物件转换为网格模型，然后再通过"文件"菜单下的"另存为""导出选取的物件"命令进行导出。

知识延伸：Rhino常用格式及注意事项介绍

　　Rhino 7广泛支持的文件格式使其成为3D互操作性工具的首选。其他应用程序通常只锁定一种或两种专有格式，但 Rhino 可与其他应用程序相互支持。下面介绍Rhino 7几种常用的格式。

（1）3dm/3dmbak

　　新版Rhino可以打开旧版Rhino的文件，旧版Rhino打不开新版Rhino文件，.3dm是二维和三维图形保存后存在的一种文件格式，大多数3DM文件被视为3D Image Files，但它们也可以是Graphic Files。它是一个开放源码的3D模型格式。3DM文件允许CAD、CAM、CAE和计算机图形软件来准确地保存和交换。

（2）DWG/DXF

DWG文件是计算机辅助设计软件AutoCAD创建的2D或3D工程图，它包含AutoCAD和其他CAD软件用于加载图形的矢量图像数据和元数据。这些类型的文件还可以包含一个描述文件的内容矢量图像数据和元数据。DXF文件由Autodesk开发并用于CAD矢量图像文件，类似于一个DWG文件，但被开发为一个通用的格式，以便可以被其他程序轻松打开。

（3）IGES

IGES代表国际图形交换标准，国际标准的3D线框模型。IGES文件保存为文本格式，因此可以在不同的程序之间轻松转移。

（4）STL

STL代表"Stereolithography"，扩展名.stl与STL（Stereolithography）文件格式相关联，代表STL 3D模型（.stl）文件类型。STL由3D Systems公司于1987年开发，现在广泛用于3D打印和快速原型（RP），STL允许使用多个相互连接的三角形来描述三维表面。一个.stl文件是一个STL格式的三维模型的ASCII或二进制表示。目前，许多3D建模或CAD/CAM应用程序都支持STL模型的导入和导出，此外还有许多STL查看器/转换器。

（5）STP/STEP

STP扩展名主要代表STEP三维模型（.stp/.step）文件类型，参考STEP-File文件格式（ISO 10303-21，交换结构的清晰文本编码）。STEP（Standard for the Exchange of Product Model Data）是国际ISO标准（ISO 10303），用于交换三维计算机辅助设计（CAD）数据。STEP（.stp/.step）文件是一个两部分的文本文件，由"头"和"数据"部分组成。"数据"部分包含一长串基于Parasolid的几何基元，将由兼容的CAD应用程序渲染成3D模型。作为基于文本的STEP文件（.stp/.step），可以在任何平台或操作系统的文本编辑器中直接打开。

（6）X_T

文件扩展名X_T是主要与Parasolid软件相关的文件，CAD几何是最初由ShapeData开发的建模软件。Parasolid包括几何形状、拓扑和彩色三维模型数据。保存为文本格式，可以导出为共享Parasolid的CAD模型，并利用各种其他CAD程序的进口。

（7）SLDPRT/SLDASM

SLDPRT文件扩展名表示SolidWorks零件文件（.sldprt）文件类型和格式。它是一种专有的二进制格式，用于SolidWorks（Dassault Systemes的商业CAD系统）中的独立装配零件或对象。.SLDPRT文件代表了一个SolidWorks装配部件，它带有纹理、材质、NURBS和其他全功能3D模型的属性。还带有纹理、材料、NURBS和其他全功能3D模型的属性。零件文件可以单独使用，也可以在更大的装配项目（.sldasm）中组合使用。

上机实训：制作高尔夫球模型

学习了Rhino 7网格面创建与编辑的相关操作后，下面以制作一个高尔夫球模型为例，介绍运用网格命令创建球体的方法，具体步骤如下。

扫码看视频

步骤01 右击左侧工具栏的"显示或隐藏标签"命令后勾选"建立网格"复选框，如下左图所示。

步骤02 在"建立网格"工具面板中选择"网格球体"工具，如下右图所示。

步骤03 单击"建立网格"工具面板中"网格球体"命令。选择前视图，以坐标原点为圆柱中心点（可直接输入0后按下回车键），在命令行输入半径值为50mm，垂直面数输入50，环绕面数输入50，创建一个直径100mm的网格球体，如下左图所示。

步骤04 同样的操作，设置网格面参数相同，创建一个直径为15mm的网格球体，并沿z轴方向移动55mm，如下右图所示。

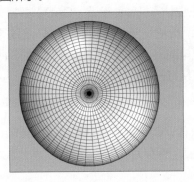 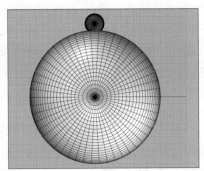

步骤05 选择前视图，单击左侧工具栏中"移动"右下三角按钮，弹出"变动"扩展面板，选择"环形阵列"命令。根据命令行提示，选择小网格球体，阵列中心点选择坐标原点（输入0，按回车键），旋转角度总和输入90，按下回车键，完成阵列，如下左图所示。

步骤06 选择顶视图，继续重复"环形阵列"命令，阵列从右二开始到右六球，阵列中心点以坐标原点，阵列个数依次为6、11、16、20、23、24，旋转角度总和都为360度，如下右图所示。

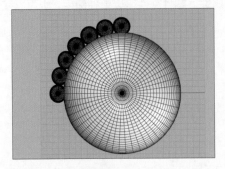 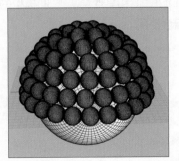

步骤 07 选择前视图，单击左侧工具栏"移动"右下三角按钮，弹出"变动"扩展面板，选择"镜像"命令。镜像刚刚阵列的球体，如下左图所示。

步骤 08 命令行中选取 x 轴镜像轴，完成镜像，如下右图所示。

 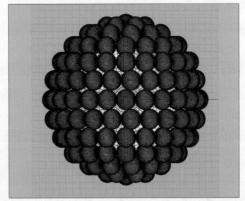

步骤 09 单击左侧工具栏中"转换曲面/多重曲面为网格"右下三角按钮，弹出"网格工具"扩展面板，单击"网格布尔运算联集"右下三角按钮，弹出"网格布尔运算"扩展面板，单击"网格布尔运算分割"命令。根据命令行提示，选取大网格球体为要分割的物件，如下左图所示。

步骤 10 接着选取切割用网格，我们选取所有小网格球体，按回车键确定，如下右图所示。

步骤 11 删除多余的部分，得到高尔夫球网格体，如下左图所示。

步骤 12 给高尔夫球添加一定的材质，效果如下右图所示。

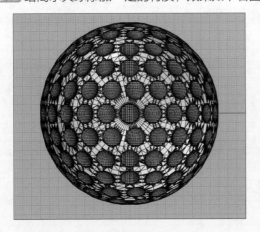 

课后练习

一、选择题

（1）在Rhino 7中，被三个或三个以上网格面或曲面使用的边缘称为（ ）。

    A. 公用边缘   B. 非流形边缘   C. 相切边缘   D. 相交边缘

（2）在Rhino 7中，使用"熔接网格边缘"命令，可以沿着选取的（ ）将组合在一起的数个网格顶点合并为单一顶点。

    A. 面   B. 交线   C. 边缘   D. x平行

（3）在Rhino 7中，以网格曲线为骨架，蒙上自由曲面生成的曲面称为（ ）。

    A. 封闭曲面   B. 网格面   C. 空间曲面   D. 多重曲面

（4）在Rhino 7中，如果同一个网格的不同边缘有顶点重合在一起，而且网格边缘两侧的网格法线之间的角度小于角度公差值，重叠的顶点会以（ ）顶点取代。

    A. 两个   B. 单一   C. 四个   D. 三个

二、填空题

（1）所谓退化的网格面是指_____的网格面或者_____的网格边缘。

（2）网格是若干定义多面体形状的顶点与多边形的集合，Rhino 7网格是由_____或_____的网格面构成。

（3）建立矩形网格平面时，绘制的方法与矩形平面的创建方法大体相同，用户可以参考矩形的创建方法创建网格平面。唯一的区别是，网格平面可以设置_____的数量以及_____的数量。

（4）如果"统一网格法线/反转网格法线"工具无法对网格发生作用，请先将网格_____，将网格面的法线方向统一以后再_____一次。

三、上机题

    通过本章内容的学习，相信大家已经可以熟练掌握网格面的创建、编辑和修改，下面将利用本章所学的知识，把已经建好的网格球体打开（此网格球体由三角形面组成），如下左图所示。对这个文件进行四角化网格，最终效果如下右图所示。

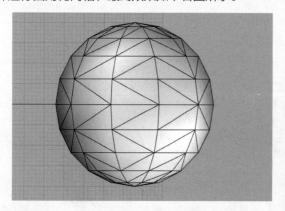 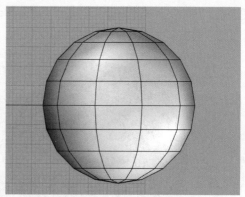

操作提示

    通过"四角化网格"命令，可以将网格面由三角形改为四边形。

第6章 细分建模

本章概述

　　本章将对如何使用Rhino软件创建单一细分面和标准细分体的基本方法、细分物件的编辑工具应用，以及细分物件点、线、面循环与环形选择方法等进行介绍。

核心知识点

① 掌握创建细分面的基本方法
② 掌握创建标准细分体的基本方法
③ 掌握细分模型的编辑
④ 了解细分物件点、线、面循环与环形选择方法

6.1 了解细分模型

　　细分建模与Sub-D建模我们统称为细分建模。细分对象是基于网格的，并且很适合更近似类型的建模，例如创建平滑的有机形式，如下左图所示。对于需要快速探索自由造型形状的用户来说，细分物件是一种新的几何类型，它可以创建可编辑的、高精度的形状。与其他几何类型不同，细分物件在保持自由造型精确度的同时还可以进行快速编辑。细分物件具有很高的精确度，可以直接转换为可加工的实体。还可以将扫描或网格数据转换为细分物件，然后转换为NURBS物件。在下右图中，左边为细分物件，右边为转换的NURBS物件。

 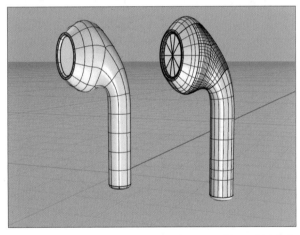

提示：Rhino 7中细分建模优势

　　传统上，细分物件是基于网格的，并且很适合更近似的建模类型，例如角色建模和创建平滑的有机形式。然而，在Rhino 7中，细分物件是高精度的基于样条的曲面，因此在创建复杂自由形状的过程中引入了一定程度的精度。Rhino 7包含一个新的细分几何类型，以允许更灵活的建模。Rhino 7中的细分物件是准确且可重复的。

6.2 创建细分模型

　　在Rhino中，细分模型对象是高精度的基于样条的曲面，因此在创建复杂自由形状的过程中引入了一定程度的精度。用户可以在标准工具栏中选择"细分工具"工具栏中的工具，如下页左图所示。也可以在"细分物件"菜单找到这些工具和相应的命令，如下页右图所示。

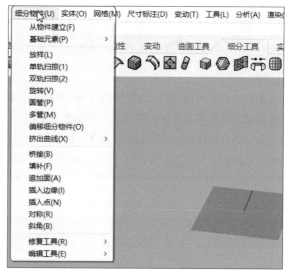

6.2.1 切换细分显示

"切换细分显示"命令：可以将细分曲面在编辑状态和真实显示状态来回切换。具体操作方式为：用户选择标准工具栏中细分工具栏下的"切换细分显示"命令，转换为细分模型编辑的状态，如下左图所示。再次单击"切换细分显示"命令，显示细分物件的平顺状态，如下右图所示。

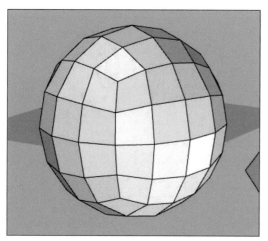

提示：切换细分显示命令快捷键

在细分建模中，我们时刻要用到切换细分显示命令，来察看模型情况，这时就会运用到快速显示快捷键，按住键盘Tab键进行快速切换，增加建模速度。

6.2.2 创建单一细分面

"单一细分面"命令：绘制单一细分面，边数没有限制。具体操作方式为：用户选择标准工具栏中细分工具栏下的"单一细分面"命令，按照命令行提示选取多边形的第一个角，如下页左图所示。接着选取多边形第二个角以及第三个角，一个细分面至少需要三个点，确定所有点后，创建一个面，如下页右图所示。

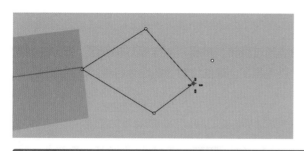 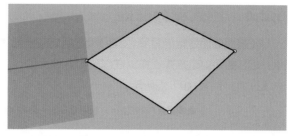

提示：创建细分平面

"创建细分平面"命令📄：建立矩形细分平面。用户选择标准工具栏中细分工具栏下的"创建细分平面"命令，绘制的方法与网格平面创建方法大体相同，用户可以参考网格平面的创建方法创建细分平面，这里不一一列举了。

6.2.3 创建细分标准体

Rhino为细分模型也提供了一些标准体，包括细分圆锥体、细分平顶锥体、细分圆柱体、细分球体、细分椭球体、细分环状体和细分立方体7种类型。用户选择标准工具栏中细分工具栏下相应细分标准体的命令，如下图所示。创建各种细分标准体的方法与前面章节介绍的网格实体一致，这里就不一一列举了。

在运用创建细分标准体命令时，命令行如下图所示。

> 圆锥体底面（方向限制(D)=*垂直* 实体(S)=*是* 两点(P) 三点(O) 正切(T) 逼近数个点(F) 垂直面数(V)=*4* 环绕面数(A)=*8* 顶面类型(C)=*四分点*）：

在以前的章节中我们介绍过部分选项，这里只介绍"环绕面数"和"顶面类型"选项的含义和应用。

- **环绕面数**：即组合细分物件环绕面的个数，当环绕面数设置为3的倍数且为奇数时，后面不会再有"顶面类型"选项，此时细分物件底面形态必须为三角形面组合。其余则会出现"顶面类型"选项。
- **顶面类型**：如果设置为"四分点"选项，则建立的细分标准体底面以四分面为主，如下左图所示。如果设置为"三角面"选项，则建立的细分标准体底面以三角面为主，如下右图所示。

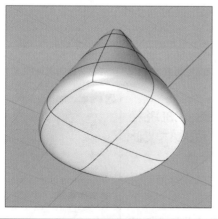 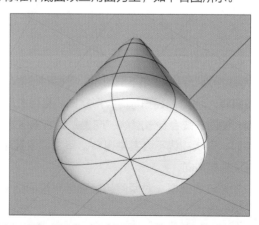

提示：细分模型面的构成

在细分建模中，细分物件面通常以四边形面为主，三边形面及五边形面仅出现在渐消面处。

6.2.4 创建细分曲面

在前面曲面编辑的章节，我们知道组成曲面都是由线通过旋转、挤压、放样等方式创建，细分曲面同NURBS曲面创建方式一样。在创建细分曲面时，我们只需要在创建曲线时，把命令行中"适用细分"的选项改为"是"，如下图所示。

曲线起点 (阶数(D)=3 适用细分(S)=是 持续封闭(P)=否):

有时我们已经画好了需要的曲线，但是忘记了将"适用细分"选项改为"是"，这时只需要选择标准工具栏细分工具栏下的"使曲线适用细分"命令，这样曲线就又变为可以适用于细分的曲线了，如下图所示。

6.2.5 创建细分扫掠和细分放样

在标准工具栏下细分工具选项卡中有细分单轨扫掠、细分双轨扫掠和细分放样等命令，如下图所示。

"细分单轨扫掠"命令：是以一条细分曲线为路径，另一条细分曲线为断面曲线（断面曲线可以是多个）的成形方法。操作方式为：执行该命令后，选取一条细分曲线为路径，如下左图所示。然后依次选取断面曲线，按下回车键（或单击鼠标右键），此时会弹出"细分单轨扫掠"对话框，用户可以根据需要进行相关参数设置，然后单击"确定"按钮，完成细分单轨扫掠成形操作，如下右图所示。

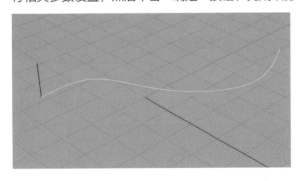 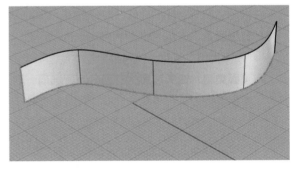

"细分单轨扫掠"对话框如下图所示。下面对该对话框中各参数的含义进行介绍。

- **自由扭转**：沿3D路径扫掠时，形状曲线会自由扭转。
- **走向**：断面曲线会参考默认"向上"的方向进行扫掠，沿3D路径扫掠时，形状曲线不会发生扭转。单击"设置轴"按钮来定义此扫掠的轴向方向。
- **角**：勾选该复选框，对两侧起始和结束断面处的细分物件顶点进行折边处理。
- **封闭**：自动将起始和结束断面之间的间隙进行连接。此复选框只有在以一条封闭的曲线为路径，两条或多条曲线作为断面曲线进行扫掠的情况下可用。

- **在扭结处折边**：在断面曲线上的扭结处通过细分物件对边缘进行折边处理。
- **原本的断面段数**：根据细分曲线的阶数而定。
- **原本的路径段数**：根据细分曲线的阶数而定。
- **可调断面的分段数**：输出细分物件的断面分段数。
- **可调路径的分段数**：输出细分物件沿路径方向的分段数。

"细分双轨扫掠"命令 与 "细分单轨扫掠"命令 操作方法相类似，唯一不同的是我们需要选取两条细分曲线为路径，这里就不一一列举了。

"细分放样"命令 ：是以两条以上断面曲线进行过渡来生成曲面的。操作方式为：执行该命令后，选取两条以上断面曲线，如下左图所示。然后移动曲线接缝点（注意选择解封点的位置和方向），按下回车键（或单击鼠标右键），此时会弹出"细分放样"对话框，用户可以根据需要进行相关的参数设置，然后单击"确定"按钮，完成放样成形操作，如下右图所示。

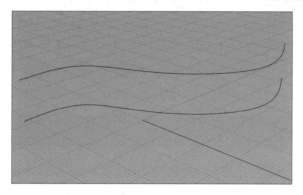
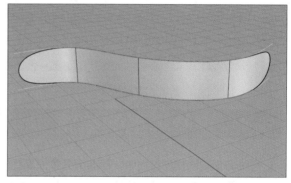

"细分放样"对话框如下图所示。下面对该对话框中各参数的含义进行介绍。

- **角**：当输入开放型曲线时，勾选此复选框可以使第一条和最后一条断面曲线处两侧的顶点实现折边。
- **锐边**：当输入曲线有锐边时，在锐边处进行折边处理。
- **封闭**：当输入三条或三条以上的断面曲线时，勾选此复选框可以沿着放样方向建立封闭的曲面。
- **原本的断面段数**：用于创建细分曲面的断面曲线的默认分段数目。
- **调节断面的段数**：允许更改断面曲线的分段数目。
- **可调断面的段数**：更改输入断面曲线分段数目。
- **断面之间的分段数**：相邻输入断面曲线之间的分段数目。
- **组合**：将细分物件的边缘作为第一条或最后一条断面曲线时，新生成的细分放样曲面会与输入的细分物件组合在一起。组合不支持记录建构历史。
- **平滑**：新建的细分放样曲面以平滑过渡的方式与输入细分物件组合，不勾选此复选框会以锐边的方式组合。

提示：调整边缘回路的位置（仅适用于封闭曲线）

在封闭曲线进行放样时，命令行选项含义如下。
- **反转**：反转曲线的方向。
- **自动**：自动调整边缘回路的位置及曲线的方向。按原来的边缘回路的位置及曲线方向运行指令。
- **锁定到节点**：若设置为"是"，边缘回路的位置总是锁定到节点上，可以在各节点之间移动边缘回路的位置。若设置为"否"，可以自由移动边缘回路的位置，不受节点锁定的限制。

6.2.6 多管细分物件

"多管细分物件"命令：可以同时选择多条相交曲线以创建平滑连接的细分圆管。具体操作方式为：用户选择标准工具栏细分工具栏下的"多管细分物件"命令，按照命令行提示选取要进行圆管指令的曲线，如下左图所示。接着根据命令行提示，输入圆管的半径，选择是否端点加盖等选项，按回车键确定，如下右图所示。

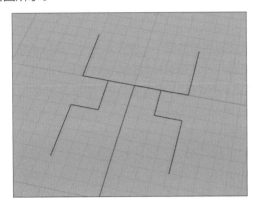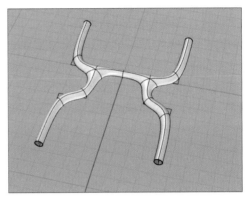

6.3 细分模型的编辑

在细分模型的建模过程中，标准细分体只是组成细分模型的雏形，在模型的创建过程中我们需要对细分模型雏形进行更加细致地分解、挤出、对称等操作，下面将详细介绍一些细分模型的编辑工具。

6.3.1 移除锐边和添加锐边

"移除锐边"和"添加锐边"是两个作用相反的命令，"移除锐边"命令可以将细分物件的锐边/锐点变平滑，或者将未熔接边缘转变为熔接边缘。而"添加锐边"命令可以将平滑的细分物件边缘/顶点更改为锐边/锐点，或者将熔接的边缘更改为未熔接的边缘。

"添加锐边"命令具体操作方式为：用户选择标准工具栏细分工具栏下的"添加锐边"命令，按照命令行提示选取要添加锐边的网格或细分物件边缘和顶点，如下左图所示。按回车键确定，如下右图所示。

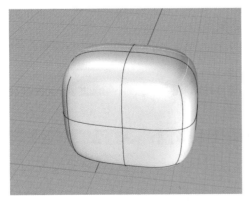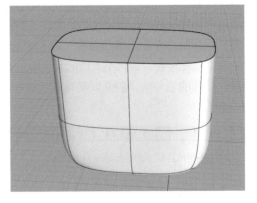

"移除锐边"命令与"添加锐边"命令应用方法类似，只是根据命令行提示选取的是需要平滑的网格或细分物件的边缘或点，这里就不一一列举了。

6.3.2 网格或细分斜角

"网格或细分斜角"命令📷：以指定的分段对网格或细分边缘进行倒斜角/倒圆角。具体操作方式为：选择标准工具栏细分工具栏下的"网格或细分斜角"命令，按照命令行提示选取要建立斜角的网格或细分边缘，如下左图所示。按回车键确定，接着根据命令行提示，移动光标进行斜角定位，然后单击或者输入一个数值并按回车键完成，该数值可以是绝对距离，也可以是基于偏移模式设置的比例值，如下右图所示。

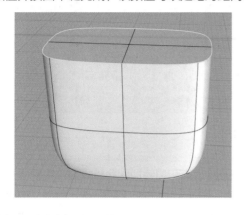
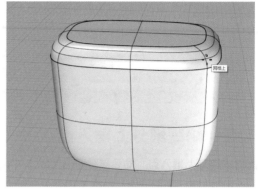

选择要建立斜角的网格或细分边缘后，将看到命令行的选项，如下图所示。

斜角定位，选取点或给一个数值 (分段数(S)=3 偏移模式(O)=绝对 平直(T)=0 保留锐边(K)=是):

下面对相关的命令选项进行介绍，具体如下。

- **分段数**：在斜角边缘之间增加新面的分段数。
- **偏移模式**：如果设置为"绝对"，所有边的斜角量都相同。输入数值是模型单位的距离。如果设置为"比例"，斜角量与每个交叉边的长度成正比。输入的数值应该在0到1.0之间。
- **平直**：数值为0，可以创建几乎圆角的斜角，需要更多的分段数。数值为1.0，可以创建一个平直的斜角。
- **保留锐边**：指定是否保留锐边。

6.3.3 插入细分边缘

"插入细分边缘（环形）和插入细分边缘（循环）"命令📷：指在细分物件或网格上以回路（左）或环状（右）的方式插入边。具体操作方式为：用户选择标准工具栏，左键单击细分工具栏下的"插入细分边缘（环形）和插入细分边缘（循环）"命令，此时执行的是"插入细分边缘（循环）"命令，按照命令行提示从回路中选取边缘，如下左图所示。按回车键确定，接着根据命令行提示，边缘定位，选取一个点或输入一个数值并按回车键完成，如下右图所示。

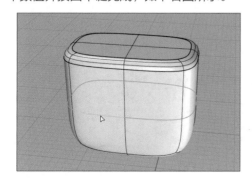
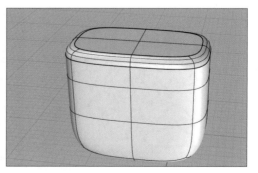

右键单击细分工具栏下的"插入细分边缘（环形）和插入细分边缘（循环）"命令，此时执行的是"插入细分边缘（环形）"命令，按照命令行提示从环状选取边缘，如下左图所示。按回车键确定，接着根据命令行提示，边缘定位，选取一个点或输入一个数值并按回车键完成，如下右图所示。

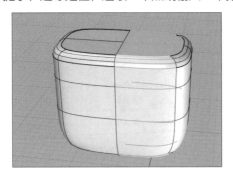 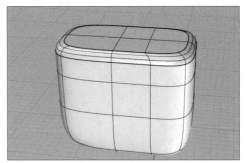

6.3.4　在网格或细分上插入点

"在网格或细分上插入点"命令：可沿边缘上的拾取点将顶点和边添加到网格或细分物件中。具体操作方式为：用户选择标准工具栏，左键单击细分工具栏下的"在网格或细分上插入点"命令，按照命令行提示选取一个网格或细分物件，如下左图所示。接着根据命令行提示，指定边缘上的点，按回车键完成，如下右图所示。

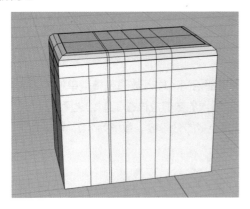 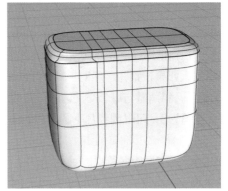

6.3.5　追加到细分

"追加到细分"命令：可选取一个现有的网格或细分物件，新创建的面将被添加到其中。具体操作方式为：用户选择标准工具栏，左键单击细分工具栏下的"追加到细分"命令，按照命令行提示选取一个网格或细分物件，按回车键确定选取，如下左图所示。接着根据命令行提示，指定边缘上的点，按回车键完成，如下右图所示。

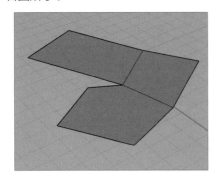 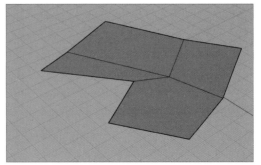

选择需要网格或细分物件后，将看到命令行的选项，如下图所示。

指定点 (输出为(O)=*细分物件* 内插点(I)=*否* 多边形类型(P)=*Ngon* 从边缘(F)=*否* 共面(N)=*否* 模式(M)=*单面*):

下面对相关的命令选项进行介绍，具体如下。

- **输出为：** 单击此选项，选择输出为网格或者输出为细分物件。
- **内插点：** 如果设置为"是"，输入点以控制点的方式显示。如果设置为"否"，输入点以内插点的方式显示，即可以创建一条通过输入点的曲线。
- **多边形类型：** 指定要创建的面的类型为三角面、四边面或Ngon。
- **从边缘：** 如果设置为"是"，每个新的面都是通过选择一个现有的网格或细分物件边缘开始的。如果设置为"否"，每个新面都是通过指定点创建的。
- **共面：** 如果设置为"是"，使用前三个点定义一个平面，并将当前的其余点都约束在该平面上。此选项仅在多边形类型为四边/Ngon时生效。
- **模式：** 指定在执行指令时创建一个单面还是多个面。

提示：追加到细分操作技巧

在追加新面的时候，按Esc键可以取消当前的操作，再按一次Esc键可以直接取消"追加到细分"指令的执行。

6.3.6 合并两个共同面的面/合并全部共同面的面

"合并两个共同面的面/合并全部共同面的面"命令 ：指可以将网格、多重曲面或细分物件的相邻共面合并为一个单一面。具体操作方式为：用户选择标准工具栏，左键单击细分工具栏下的"合并两个共同面的面/合并全部共同面的面"命令，此时执行的是"合并两个共同面的面"命令，按照命令行提示从回路中选取一个网格、多重曲面或细分曲面，如下左图所示。接着根据命令行提示，选取第二个细分物件面来完成操作，如下右图所示。

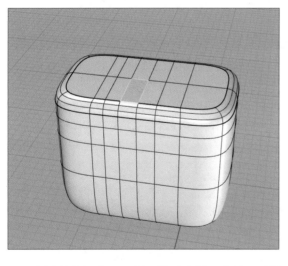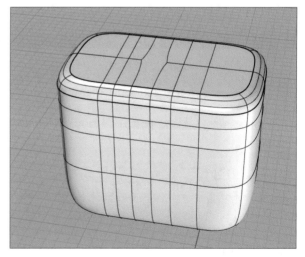

右键单击细分工具栏下的"合并两个共同面的面/合并全部共同面的面"命令，此时执行的是"合并全部共同面的面"命令，按照命令行提示选取细分物件，如下页左图所示。按回车键确定完成，如下页右图所示。

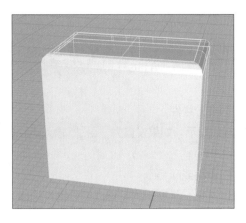
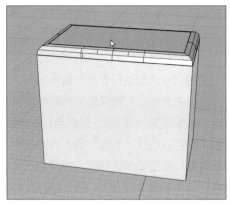

6.3.7 插入细分边缘

"插入细分边缘"命令⊘：通过将选定网格面或细分面的边缘向内偏移一定距离来插入边。具体操作方式为：用户选择标准工具栏，左键单击细分工具栏下的"插入细分边缘"命令，按照命令行提示选取一个面，按回车键确定选取，如下左图所示。接着根据命令行提示，输入距离或指定距离点，按回车键完成，如下右图所示。

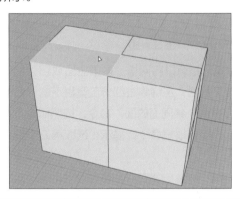
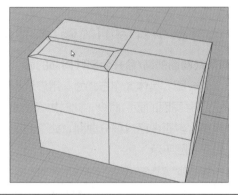

提示：插入细分边缘命令行选项

当需要插入细分边缘的面的个数大于一个时（插入面必须连接），此时命令行会有模式选项，如下图所示。

> 按 Enter 继续（模式(M)=*群组*）：

当选择群组时，连接的面将作为一个群组插入，如下左图所示。当选择为单体时，每个细分面将作为单体插入，如下右图所示。

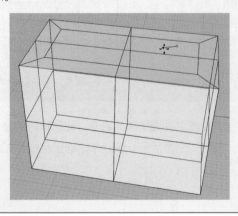
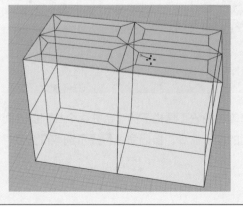

6.3.8 缝合网格或细分物件的边缘或顶点

"缝合网格或细分物件的边缘或顶点"命令 ▣：可以缝合一对网格/细分物件边缘或顶点。具体操作方式为：用户选择标准工具栏，左键单击细分工具栏下的"缝合网格或细分物件的边缘或顶点"命令，按照命令行提示选取要缝合在一起的第一个顶点或边缘集合，按回车键确定选取，如下左图所示。接着根据命令行提示，选取第二组边缘，按回车键确定，根据命令行提示选取缝合位置即可，如下右图所示。

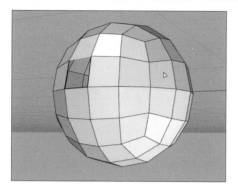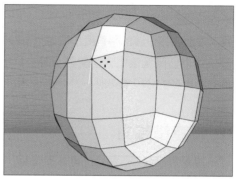

运行缝合网格或细分物件的边缘或顶点时在命令行选择缝合位置，如下图所示。

```
缝合位置<平均>（第一(F) 第二(S)):|
```

各选项的含义如下。

- **平均：**右键单击可以在平均位置进行缝合。
- **第一：**在第一组的位置处进行缝合。
- **第二：**在第二组的位置处进行缝合。

提示：缝合网格或细分物件的边缘或顶点命令注意事项

- 两组中的边数必须匹配。
- 如果成对的顶点或边缘属于不同的物件，则缝合操作会将这两个物件合并为一个物件。
- 通过按下Tab键切换细分显示模式，以帮助在平坦模式下拾取细分物件的顶点。
- 可以通过预选的方式先选择多个顶点再进行缝合。

6.3.9 桥接网格或细分

"桥接网格或细分"命令 ▣：可以将面以连接两组细分物件/网格的边缘连锁。具体操作方式为：用户选择标准工具栏，左键单击细分工具栏下的"桥接网格或细分"命令，按照命令行提示选取要桥接的第一组边缘或面，按回车键确定选取，如下左图所示。接着根据命令行提示，选取第二组面，按回车键确定时弹出桥接选项，选择相应的选项或数值，单击"确定"按钮，如下右图所示。

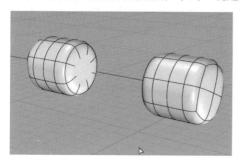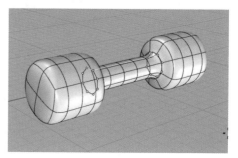

"桥接选项"对话框如下图所示。下面对该对话框中各参数的含义进行介绍，具体如下。

- **分段数**：设置两组连锁边缘之间增加的新面的分段数。
- **组合**：勾选此复选框，则将桥接物件与输入物件组合成一个物件；取消勾选此复选框，则桥接的部分成为一个单独的物件。
- **锐边**：勾选此复选框，则桥接物件以锐边的方式与输入细分物件组合在一起。取消勾选此复选框，则桥接以平滑的边缘连接到输入细分物件。
- **平直度**：设置桥接过渡的平直度。设置为100%，将创建一个平直的桥接物件。降低该值会创建更平滑的桥接。一个平滑的桥接物件需要更多的分段来实现。

实战练习 哑铃建模练习

学习了"桥接网格或细分"命令的基本操作后，下面将以创建一个哑铃模型为例进行实战练习，具体操作步骤如下。

步骤 01 首先打开"哑铃图片"素材文件，如下左图所示。

步骤 02 选择标准工具栏，单击细分工具栏下的"创建细分球体"命令◉，选取坐标原点为球体中心点，在命令行输入半径值为50mm，如下右图所示。

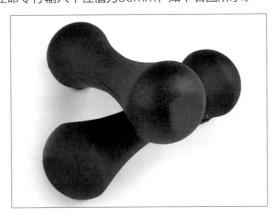
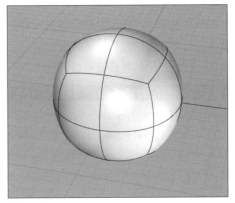

步骤 03 复制一个细分球体，这里可以用快捷键Ctrl+C和Ctrl+V，并运用左侧工具栏"移动" 工具，向*x*轴正方向移动245mm，如下左图所示。

步骤 04 选择标准工具栏，单击细分工具栏下的"桥接网格或细分"命令 ，桥接两个细分球体，分段数设置值为5，勾选"组合"复选框，如下右图所示。

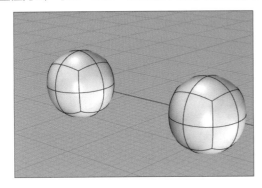
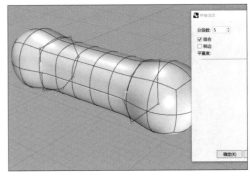

步骤05 按下键盘上的Tab键，切换细分物件显示方式，如下左图所示。

步骤06 选择左侧工具栏下的"显示物件控制点"命令 ，框选握把中间那两排控制点，进行控制点二维缩放（按住Shift键拖动小圆球），如下右图所示。

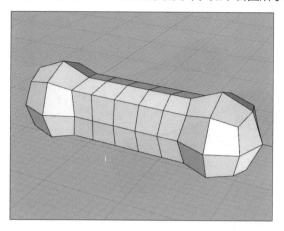 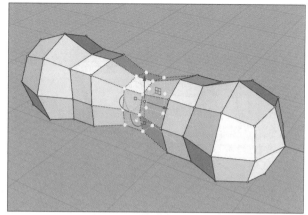

步骤07 重复步骤06，把下左图的两组控制点进行二维缩放。

步骤08 按下键盘上的Tab键，切换细分物件显示方式，如下右图所示。

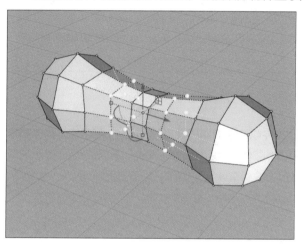 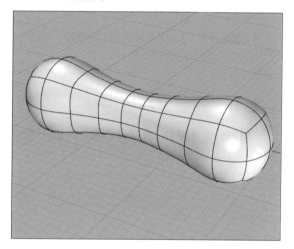

步骤09 选择标准工具栏，单击细分工具栏下的"添加锐边"命令 ，对下左图的两条边添加锐边。

步骤10 选择标准工具栏，单击细分工具栏下的"网格或细分斜角"命令 ，对刚刚添加的锐边进行倒角处理，输入半径值为4mm，如下右图所示。

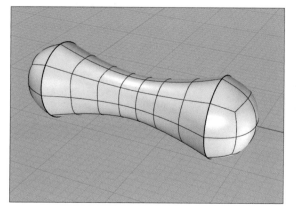 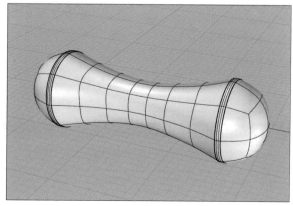

步骤11 复制这个哑铃细分物件，这里可以用快捷键Ctrl+C和Ctrl+V，并使用左侧工具栏的"移动" ⤢ 工具，向y轴正方向移动180mm，如下左图所示。

步骤12 然后对哑铃造型进行渲染，最终效果如下右图所示。

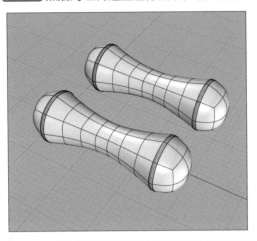 

提示：桥接命令调整对齐技巧

● **更改连锁方向**：箭头指示连锁方向，指令将自动检测连锁方向以创建非缠绕桥接。但是，也可以根据需要单击连锁方向的端点来反转方向。

● **移动接缝位置（仅适用于封闭的边缘回路）**：根据所选的第一个边缘选择接缝位置。单击一个点将接缝位置移动到该点。单击接缝点以反转连锁的方向。

6.3.10 对细分面再细分

"对细分面再细分"命令 ⊚：可以将整个网格/细分物件或选定的网格面/细分面进行再细分。具体操作方式为：用户选择标准工具栏，左键单击细分工具栏下的"对细分面再细分"命令，按照命令行提示选取要细分的网格面/细分面或网格/细分物件，如下左图所示。按回车键完成操作，如下右图所示。

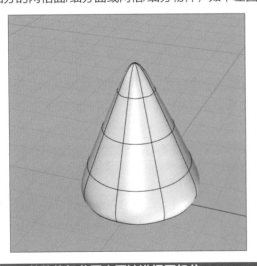 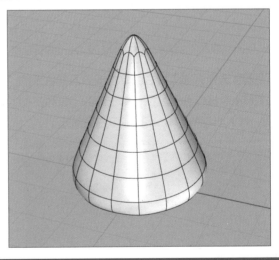

提示：单独的细分面也可以进行再细分

同时按住Ctrl+Shift组合键选择单独面，也可以运用"对细分面再细分"命令。

6.3.11　滑动网格或细分物件的边缘或顶点

"滑动网格或细分物件的边缘或顶点"命令▥：可以沿着相邻的边缘滑动选定的顶点（或选定边的顶点）。具体操作方式为：用户选择标准工具栏，左键单击细分工具栏下的"滑动网格或细分物件的边缘或顶点"命令，按照命令行提示选取要滑动的细分物件或网格边缘与顶点，如下左图所示。按回车键，输入滑动数值或选取点，完成操作，如下右图所示。

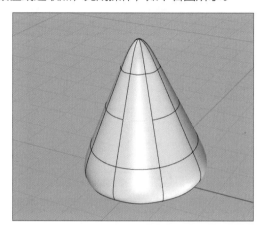 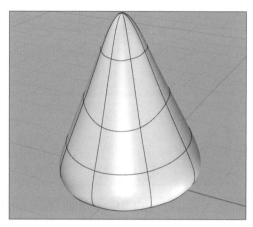

选择需要滑动的网格或细分物件边缘后将看到命令行的选项，如下图所示。

> 滑动数值，选取点（偏移模式(O)=绝对 平滑(S)=0 方向(D)=交叉）：|

下面对相关的命令选项进行介绍，具体如下。

- **偏移模式：** 选择"绝对"时，所有边的偏移量都相同。输入数值是模型单位的距离。选择"比例"时，偏移量与每个交叉边的长度成正比。输入的数值应该在0到1.0之间。
- **平滑：** 数值为0时，表示沿着边缘以线性的方式移动顶点；数值为1.0时，表示沿着边缘以弯曲路径的方式移动顶点。
- **方向：** 沿滑动方向（交叉）移动边缘，或者沿边的方向（顺沿）移动边缘。

6.3.12　删除网格面

"删除网格面"命令▣：可以从网格、细分物件或多重曲面中删除选定的面。具体操作方式为：用户选择标准工具栏，左键单击细分工具栏下的"删除网格面"命令，按照命令行提示选取要删除的细分面，如下左图所示。按回车键完成操作，如下右图所示。

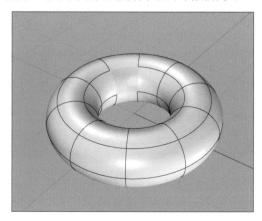 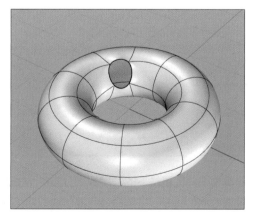

6.3.13　合并网格面

　　"合并网格面"命令 ▨：可以将一组连接的细分面或网格面合并为一个单一面。具体操作方式为：用户选择标准工具栏，左键单击细分工具栏下的"合并网格面"命令，按照命令行提示选取要合并的细分面，如下左图所示。按回车键完成操作，如下右图所示。

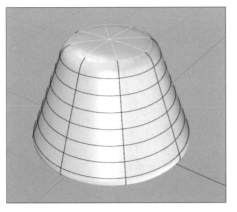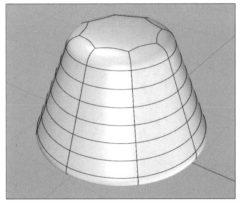

> **提示：细分面合并技巧**
> - 如果选择一个顶点，则顶点周围的面合并为一个单一面。
> - 如果选择一条边缘，则边缘两侧的面合并为一个单一面。
> - 如果选择了面的集合，它们将以子集进行划分，每个子集合并为一个单一面。
> - 被细分锐边或未熔接网格边隔开的面是不能被合并的。在合并面之前，可以使用"移除锐边"命令移除锐边和未熔接边缘。
> - 使用Ctrl+Shift+单击的方式选择顶点或边缘，然后按回车键，可以将周围的面合并为一个单一面。
> - 使用Delete键删除面将会留下孔洞。

6.3.14　镜像细分物件/从细分中移除镜像对称

　　"镜像细分物件/从细分中移除镜像对称"命令 ⑧：能够让细分物件在一个对称平面上对称，并将对称平面两侧的细分物件合并为独立的一个细分物件。具体操作方式为：用户选择标准工具栏，左键单击细分工具栏下的"镜像细分物件/从细分中移除镜像对称"命令，此时执行的是"镜像细分物件"命令，按照命令行提示选取要应用对称的细分物件，选取平面起点，选择 y 轴，如下左图所示。选取要保留的一侧，按回车键完成，此时镜像部分以灰色显示，编辑一边，另一半也会跟着变动，如下右图所示。

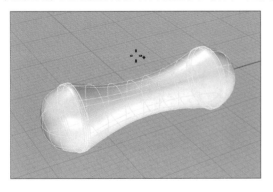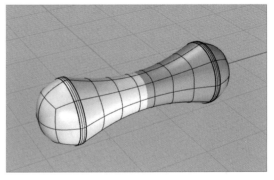

　　右键单击细分工具栏下的"镜像细分物件/从细分中移除镜像对称"命令，此时执行的是"从细分物件中移除镜像对称"命令，按照命令行提示选取要移除对称的细分物件即可完成操作。

- 选择一个已存在的镜面对称细分物件。
- 移动鼠标来指定第二个对称平面的位置和方向。第二个对称平面垂直于第一个对称平面。

6.3.15 填补细分网格洞

"填补细分网格洞"命令 ：可以从细分物件的边界边缘创建细分面。具体操作方式为：用户选择标准工具栏，左键单击细分工具栏下的"填补细分网格洞"命令，按照命令行提示选取细分边界边缘，如下左图所示。按回车键完成操作，如下右图所示。

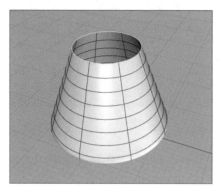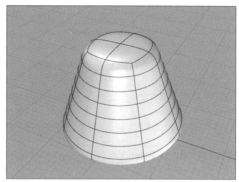

选取细分边界边缘后将看到命令行的选项，如下图所示。

修补类型 <自动> (自动(<u>A</u>) 单面(<u>S</u>) TriangleFan(<u>T</u>) 三角(<u>R</u>)):

下面对相关的命令选项进行介绍，具体如下。

- **自动：** 尽可能地创建四边面。当然结果可能是三角面和四边面的组合。
- **单面：** 建立单一面。
- **TriangleFan：** 创建具有公共点的三角形面。
- **三角：** 创建可能无法良好组织的三角面。

6.3.16 挤出细分物件

"挤出细分物件"命令 ：可以从不同的挤出方向挤出细分物件的面和边缘。具体操作方式为：用户选择标准工具栏，左键单击细分工具栏下的"挤出细分物件"命令，按照命令行提示选取要挤出的细分面及边缘，如下左图所示。按回车键，选择挤出的方向及挤出距离，完成操作，如下右图所示。

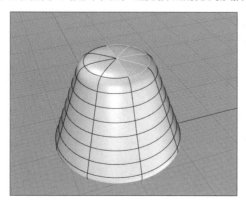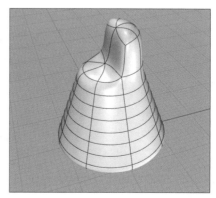

6.3.17 偏移细分

"偏移细分"命令 ：可以通过将细分物件的顶点向法线方向移动指定距离来制作细分物件的副本。具体操作方式为：用户选择标准工具栏，左键单击细分工具栏下的"偏移细分"命令，按照命令行提示选取要偏移的细分物件，如下左图所示。在命令行选取相应的选项，按回车键，完成操作，如下右图所示。

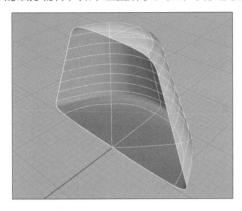
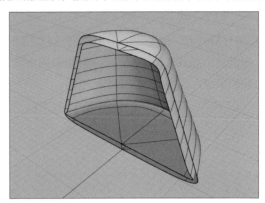

选取要偏移的细分物件后将看到命令行的选项，如下图所示。

选取要反转偏移方向的物体，按 Enter 完成（距离(D)=1 实体(S)=否 两侧(B)=否 删除输入物件(E)=否 全部反转(F))：

下面对相关的命令选项进行介绍，具体如下。

● **距离**：设置偏移距离。
● **实体**：若选择"是"，则在边界之间添加面以达到加盖的效果，由此创建一个封闭的细分物件。若选择"否"，则只是单独偏移一个细分物件副本。
● **两侧**：若选择"是"，则将细分物件同时向正负两个方向偏移。若选择"否"，则只偏移一个方向。
● **删除输入物件**：删除（是）或保留（否）输入的物件。
● **全部反转**：将选定的所有细分物件的偏移方向进行反转。

6.3.18 用四分面重构网格

"用四分面重构网格"命令 ：可以从现有曲面、网格或细分物件快速创建具有优化拓扑结构的四边形网格。该命令使用独特的算法来生成可管理的多边形网格，非常适合用于渲染、动画、CFD、FEA和逆向工程。具体操作方式为：用户选择标准工具栏，左键单击细分工具栏下的"用四分面重构网格"命令，按照命令行提示选取要重构网格的物件，按回车键，此时弹出"以四边面重构网格高级选项"对话框，设定相应的参数，单击"确定"按钮完成操作，如下右图所示。

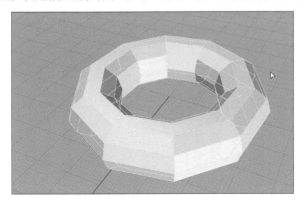
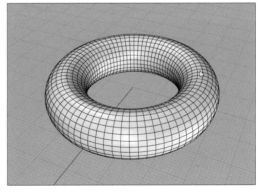

"以四边面重构网格高级选项"对话框如下图所示。下面对该对话框中主要参数的含义进行介绍。

- **目标四边面数量**：重新网格化目标面的数量。这是该算法的目标，最终的面的数量可能更多或更少。

- **自适应大小%**：设置为0时，可获得最小数目的四边形和均一的大小。数值超过30，对少量四边形大小的控制减弱。较高的值会导致高曲率区域中的四边形形状变小。设置为100时，可保留更多细节。

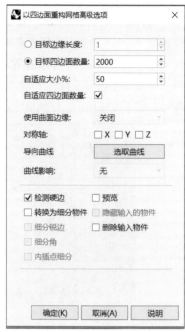

- **使用曲面边缘**：指定是否沿输入物件的子面边界创建网格边缘。
  - ■ **"关闭"选项**：忽略子面边界。
  - ■ **"智能"选项**：除了被算法判定为无意义的边界外，将保留所有子面边界。
  - ■ **"严格"选项**：保留所有子面边界。

- **对称轴**：选择对象的边界框的x、y或z中心平面上执行对称重构网格。可以选择多个轴，此选项仅在对称物件以及选择正确的对称平面时才起作用。

- **导向曲线**：四边面重构网格将尝试沿导向曲线放置边缘回路或环状边缘。导向曲线可用于定义更多细节，或简单地影响区域中四边面重构网格的方向。导向曲线必须投影到输入物件上才能产生效果。单击选取曲线来选择导向曲线。

- **曲线影响**：这些选项控制导向曲线如何影响最终的四边面网格效果。

- **检测硬边**：使用30度法线夹角阈值来划分具有硬边（锐边）的四边面网格。如果两个相邻面之间的折角度数大于30度，则会添加一条硬边边缘回路。

- **转换为细分物件**：将生成的四边面网格转换为平滑的细分物件。如果可能的话，将保留硬边。

- **预览**：预览四边面重构网格的结果，更改设置时，预览将会更新。

- **隐藏输入的物件**：如果输入物件是密集的线框，勾选此复选框时预览将不可见。

- **删除输入物件**：重构网格后删除输入物件。

6.3.19 修复细分

"修复细分"命令 ：可以检查并删除细分物件上损坏的组件、线边缘和非流形边缘。具体操作方式为：用户选择标准工具栏，左键单击细分工具栏下的"修复细分"命令，按照命令行提示选取要修复的细分面及边缘，如下左图所示。按回车键完成操作，如下右图所示。

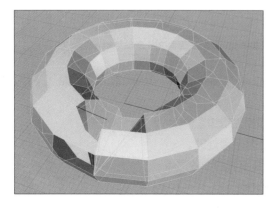

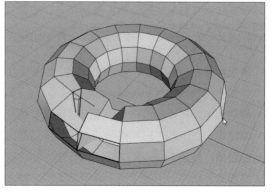

6.3.20 将物件转换为NURBS

"将物件转换为NURBS"命令 ✐：可以将网格物件和细分物件/边缘转换为 NURBS 曲面或曲线。对于仅读取 NURBS 类型的程序来说，它还可以将简单物件转换为程序所需的 NURBS类型。例如，挤出物件就是一种简单物件，它仅由轮廓曲线和挤出长度两个因素来定义。具体操作方式为：用户选择标准工具栏，左键单击细分工具栏下的"将物件转换为NURBS"命令，按照命令行提示选取要转换到NURBS的物件，如下左图所示。按照命令行提示选取相应的选项，按回车键完成操作，如下右图所示。

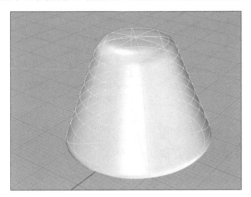 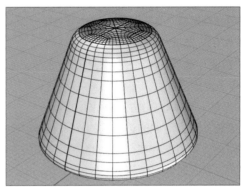

6.3.21 转换为细分物件

"转换为细分物件"命令 ✐：可以将支持的物件类型转换为细分物件。具体操作方式为：用户选择标准工具栏，左键单击细分工具栏下的"转换为细分物件"命令，按照命令行提示选取网格、曲面和挤出物件，如下左图所示。选取相应的命令行选项，按回车键完成操作，如下右图所示。

 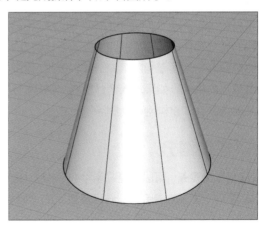

选取要转换为细分的物件后将看到命令行的选项，如下图所示。下面将对主要选项的含义进行介绍。

> 细分选项 (使用网格(<u>U</u>)=*控制点* 网格锐边(<u>M</u>)=*否* 网格角(<u>F</u>)=*否* 使用曲面(<u>S</u>)=*位置* 曲面角(<u>R</u>)=*否* 删除输入物件(<u>D</u>)=*否*):

- **使用网格**：若设置为"控制点"，将网格顶点转换为细分物件控制点。若设置为"位置"，将网格顶点转换为细分物件曲面编辑点。
- **网格锐边**：指定是否将未焊接的网格边（红色）转换为锐边。
- **网格角**：指定四边形网格面的边界角顶点是尖锐还是平滑处理。
- **曲面角**：指定 NURBS 曲面角是转换为尖锐的还是平滑的细分顶点。
- **删除输入物件**：删除（是）或保留（否）输入的物件。

知识延伸：细分物件的快速选取

由于细分建模的特殊性，在建模过程中我们需要进行相应点、线、面的选取、移动、偏移等编辑操作，快速选取需要的物件，将进一步增加建模的效率。下面来重点学习细分模型的选取。用户选择标准工具栏中"细分工具"选项卡下相应的选取工具，如下图所示。

面工具　实体工具　细分工具　渲染工具　出图　V7 的新功能　网格工具

- **"选取细分物件"命令**◎：选取所有封闭的细分物件。
- **"选取循环边缘"命令**🖌：可以通过从回路中选取一个边缘来选择一个网格/细分物件的回路边缘。按下回车键，完成选取，如下左图所示。按Shift+Ctrl组合键并选取回路边缘中的某一边缘，可以单独取消选取此边缘，如下右图所示。

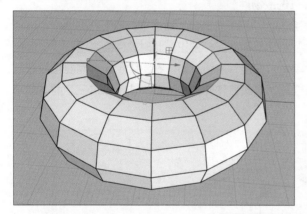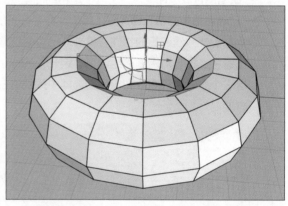

- **"选取环形边缘"命令**◎：可以通过环状方式选取一个边缘来选择一个网格/细分物件的环状边缘。按下回车键，完成选取，如下左图所示。按下Shift+Ctrl组合键并选取环形边缘中的某一边缘，可以单独取消此边缘的选取，如下右图所示。

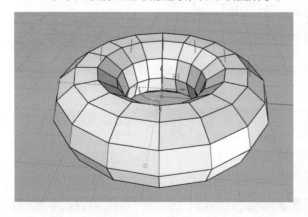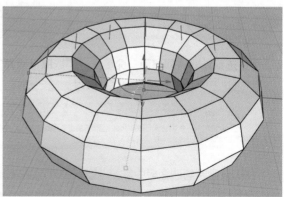

- **"选取面循环"命令**：可以从回路中任意两个面之间选择一条边来选取一个网格/细分物件的面回路。按回车键完成选取，一个面回路被选中，如下左图所示。按下Shift+Ctrl组合键并选取回路面中的某一个面，可以单独取消此面的选取，如下右图所示。

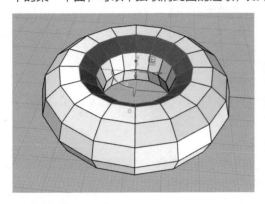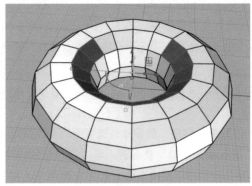

- **"以笔刷选取"命令**：可以设定粗细的笔刷线条选取物件。
- **"已命名选集面板"命令**：单击此命令，系统会弹出"已命名选集"对话框，如下左图所示。选择我们需要创建选集的物件，单击"已命名选集"对话框中的保存按钮，此时软件会弹出一个"保存已命名选集"对话框，给选集确定一个名称，单击"确定"按钮，如下右图所示。当需要重新选取这三个面时，只需要到已命名选集中找到这三个面的选集名称并单击，就又选定了这三个面，非常方便。

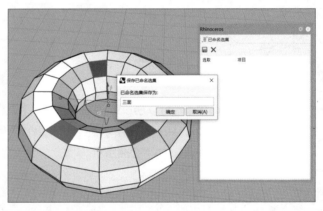

- **"选取过滤器网格面"命令**、**"选取过滤器网格边缘"命令**和**"选取过滤器网格点"命令**：单击这三个命令，会弹出"选取过滤器"面板，如下图所示。

我们只需要勾选面板中需要选取的物件前的复选框，这样选取起来会更加得心应手，增加建模效率。

> **提示：快速选择细分物件快捷键应用**
>
> 按住Crtl+Shift组合键，可以快速选取单个点、边缘或面。按住Crtl+Shift组合键，可以单击选取单个点、边缘或面，接着按住Crtl+Shift组合键不放，双击第二方向上的点、边缘或面，此时会选取相应方向的循环点、边缘或面。按住Crtl+Shift组合键单击选取边缘，接着按住Crtl+Shift+Alt组合键，双击环形方向上的边缘，此时会选取环形边的边缘。

上机实训：无线耳机建模

扫码看视频

学习了Rhino 7细分模型创建与编辑的相关操作等内容后，下面以创建一个无线耳机模型为例，介绍桥接、挤出等命令的应用，具体步骤如下。

步骤 01 单击标准工具栏中的"细分工具"选项卡下"创建细分圆柱体"命令，以坐标原点为中心，沿y轴正方向高度为20mm、半径为2.5mm的细分圆柱体（命令行选项的环绕面数选择8、顶面类型为四分点），如下左图所示。

步骤 02 单击标准工具栏中的"细分工具"选项卡下"细分椭球体"命令，选择前视图，以坐标原点为中心，第一轴终点沿x轴正方向7.5mm，第二轴终点沿y轴正方向7.5mm，切换到顶视图，第三轴终点沿y轴正方向4mm，创建一个细分椭球体，如下右图所示。

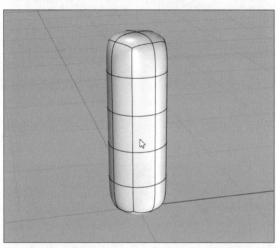
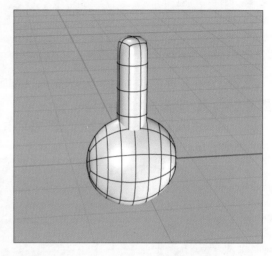

步骤 03 单击刚刚创建的细分椭圆球体，沿z轴正方向移动28mm，沿y轴负方向移动7mm，沿x轴负方向移动2mm，如下左图所示。

步骤 04 单击标准工具栏中的"细分工具"选项卡下"添加锐边"命令，选择下右图的边缘进行添加锐边操作。

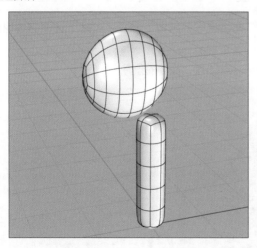
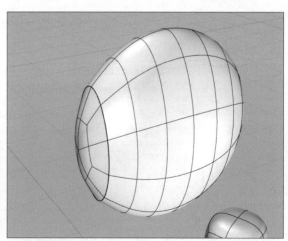

步骤 05 单击标准工具栏中的"细分工具"选项卡下"合并网格面"命令，选择下左图的细分面进行合并。

步骤 06 单击左侧工具栏中的"显示物件控制点"命令，显示细分椭球体控制点，在前视图，选择下右图控制点，沿x轴负方向移动1mm。

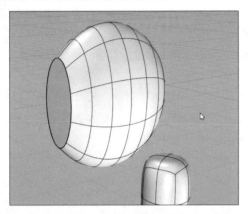 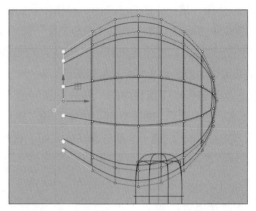

步骤 07 单击标准工具栏中的"细分工具"选项卡下"插入细分边缘"命令，选择下左图的细分面进行插入边缘，插入距离输入0.5mm。

步骤 08 单击标准工具栏中"细分工具"选项卡下的"挤出细分物件"命令，选择下右图的细分面沿x轴正方向挤出1mm。

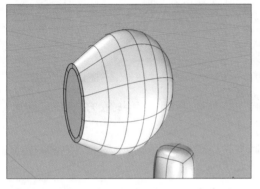 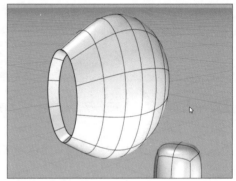

步骤 09 单击标准工具栏中的"细分工具"选项卡下"网格或细分斜角"命令，选择下左图的边缘进行倒角，倒角半径为0.5mm。

步骤 10 选择顶视图，选择耳机耳塞部分，沿顺时针方向旋转5度，如下右图所示。

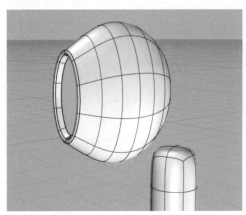 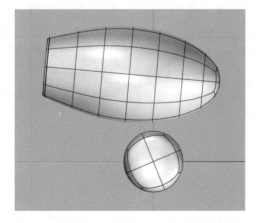

步骤 11 按下键盘上的Tab键，切换细分显示方式，如下左图所示。

步骤 12 单击标准工具栏中"细分工具"选项卡下的"桥接网格或细分"命令，选择下右图的两组细分面进行桥接（两组细分面数量要对应，这里选择四个细分面）。

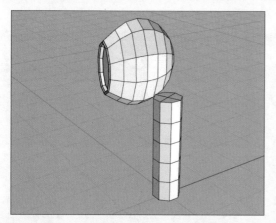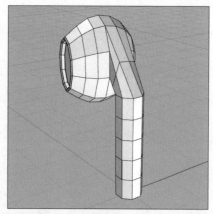

步骤 13 单击左侧工具栏中的"显示物件控制点"命令，选择刚刚桥接的细分物件，如下左图所示。

步骤 14 通过移动相应的控制点，调整为想要的状态，如下右图所示。

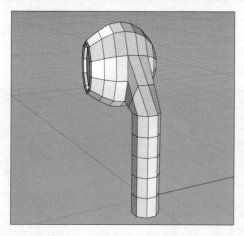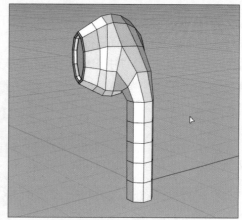

步骤 15 按下键盘上的Tab键，切换细分显示方式，如下左图所示。

步骤 16 单击标准工具栏中"细分工具"选项卡下的"添加锐边"命令，选择下右图的细分边缘进行添加锐边操作。

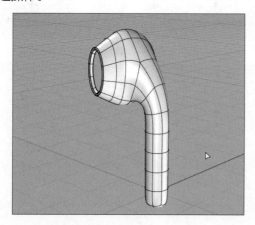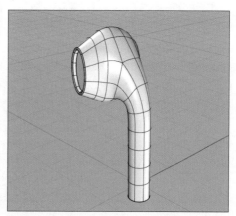

步骤 17 单击标准工具栏中"细分工具"选项卡下的"网格或细分斜角"命令，选择下左图的细分边缘进行添加倒角操作，倒角半径为1mm。

步骤 18 单击标准工具栏中"细分工具"选项卡下的"将物件转换为NURBS"命令，选择下右图的细分物件进行转换。

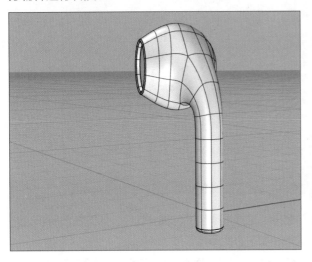
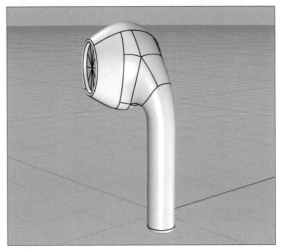

步骤 19 单击左侧工具栏的"布尔运算联集"右下三角按钮，弹出"实体边栏"扩展面板，选择"抽离曲面"命令。对下左图的两个面进行抽离。

步骤 20 对耳机添加材质，并打开渲染模式，效果如下右图所示。

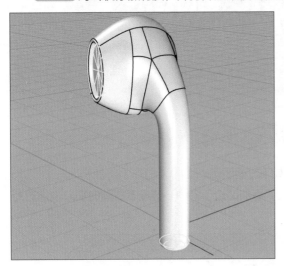
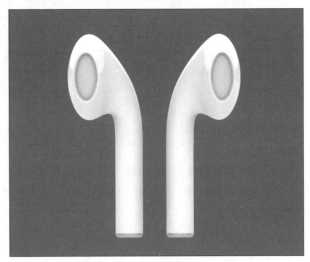

课后练习

一、选择题

（1）在Rhino 7中，选择需要滑动网格或细分物件边缘后的命令行，偏移模式选项选取为"比例"时，偏移量与每个交叉边的长度成（　　）。

　　　A. 反差　　　　　　　B. 相等　　　　　　　C. 反比　　　　　　　D. 正比

（2）在Rhino 7中，当需要插入细分边缘的面数大于一个时（插入面必须连接），命令行会有（　　）选项。

　　　A. 连接　　　　　　　B. 模式　　　　　　　C. 相切　　　　　　　D. 相连

（3）在Rhino 7中，追加细分新面的时候，按（　　）键可以取消当前的操作。

　　　A. Esc　　　　　　　B. Crtl　　　　　　　C. Tab　　　　　　　D. Shift

（4）在Rhino 7中，通过按下（　　）键可以切换细分显示状态。

　　　A. 鼠标中键　　　　　B. Crtl　　　　　　　C. Tab　　　　　　　D. Shift

二、填空题

（1）在Rhino 7中，缝合网格或细分物件的边缘或顶点命令，两组中的边数必须_____。

（2）在Rhino 7的细分或网格模型中，按住_____键快速选取单个点、边缘或面。

（3）在Rhino 7的细分或网格模型中选取单个边缘后，接着按住_____组合键，双击环形方向上的边缘，此时会选取环形边缘。

（4）在Rhino 7的细分模型中，细分面合并技巧：如果选择一个顶点，则顶点_____的面合并为一个单一面。

三、上机题

　　通过本章内容的学习，相信大家已经可以熟练掌握细分模型的创建、编辑和修改。下面将利用本章所学知识，对细分模型"加湿器.3dm"文件进行细节建模，如下左图所示。最终效果如下右图所示。

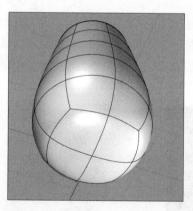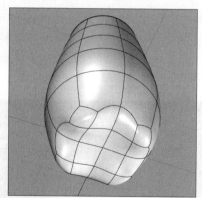

操作提示

① 单击标准工具栏"细分工具"选项卡中的"对细分再细分"命令，对相应的四个细分面进行再细分操作。

② 选取相应的细分面，沿z轴负方向下移3mm。

第7章 KeyShot 11渲染器

本章概述

　　渲染是产品设计表现的重要环节，通过渲染能够使产品设计方案更加真实地展现出来，增加设计的感染力。本章我们就来系统地学习KeyShot 11渲染器应用及渲染操作技巧。

核心知识点

❶ 了解KeyShot 11渲染器
❷ 掌握KeyShot 11渲染器常用操作方法
❸ 掌握KeyShot 11与Rhino软件的对接
❹ 熟练操作KeyShot 11渲染器

7.1 认识KeyShot渲染器

　　KeyShot是由Luxion公司推出的一个互动的光线追踪与全域光渲染程序，用户可以快速应用材质和照明，并提供最准确的材质外观和真实世界的照明，通过一个简单的、基于工作流程的界面以及为最有经验的3D渲染专业人士提供的所有高级功能，可在几分钟内使创建的模型获得摄影效果。下左图为渲染具有光线效果的家居效果，下右图为渲染的艺术瓶效果。

　　KeyShot是第一个使用物理上正确渲染引擎的实时光线追踪应用程序，该引擎基于科学准确的材料表示和全局照明领域的科学研究。KeyShot解决了设计师、工程师、营销专业人士、摄影师和CG专家的可视化需求，打破了从3D数字数据创建摄影图像和动画的复杂性，下左图为使用渲染引擎得到的光线追踪效果，下右图为渲染CG效果。

7.1.1 KeyShot 11的工作界面

KeyShot 11.0渲染器的工作界面包括菜单栏、功能区、工作视窗、面板工具栏以及在面板工具栏中打开的库面板和项目面板等，如下图所示。

按下空格键，将会打开"项目"面板，在该面板中用户可以对场景中的一些材质进行编辑加工，需要的一些参数可以在面板中的"场景""材质""环境""照明""相机""图像"选项中进行编辑。

按下快捷键M，可以打开"库"面板，在该面板中包含各种模型所需的工具、材料、设备等。

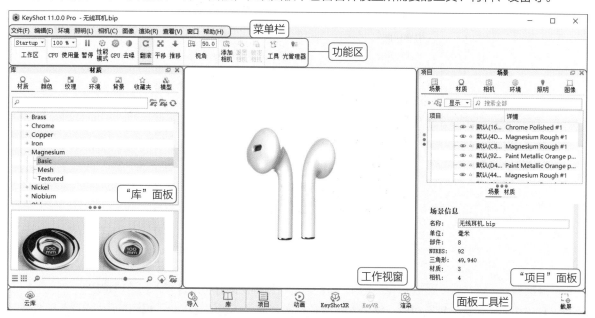

> **提示：HDR的定义**
>
> HDR全称为High-Dynamic Range，译为"高动态光照渲染"，是计算机图形学中的渲染方法之一，可令立体场景更加逼真，大幅增加三维虚拟的真实感。HDR环境贴图可以模拟人眼自动适应光线变化的能力，因此，它就像灯一样控制环境的光照。

7.1.2 将Rhino文件导入KeyShot 11软件中

在KeyShot 11渲染软件中，支持的文件类型可以通过面板工具栏上的"导入"按钮直接导入到KeyShot 11界面，也可以通过将文件拖放到实时视图中进行导入，或者从主菜单选择"文件>导入"命令进行导入。当某个文件指定为导入时，KeyShot 11导入窗口将显示在屏幕上。

选择文件进行导入时，将打开"KeyShot 11导入"对话框。当某个模型已经载入到场景里，又选择导入另一个模型或者拖放模型到实时视图中时，导入对话框参数将发生变化，会看到"场景"选项区域中3个单选按钮可用，如下页图所示。

- **添加到场景：** 选择该单选按钮，会将模型添加到现有场景里。
- **更新几何图形：** 选择该单选按钮，新添加的几何图形将更新已有的几何图形，如果部件名称匹配，将会替换掉原来的几何图形。
- **添加到空场景：** 选择该单选按钮，清除当前场景并将导入的模型添加到新场景中。

除了上面3个单选按钮外，下面我们再对"KeyShot 11导入"对话框其他参数的含义和应用进行介绍。

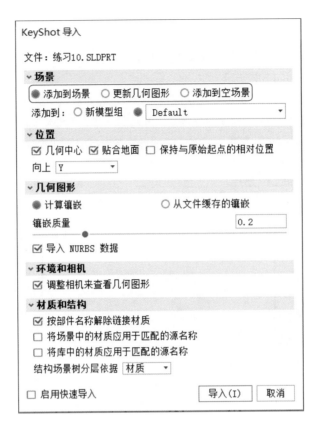

- **添加到：** 选择"新模型组"单选按钮，将创建一个新模型集并将文件导入到该模型集。
- **几何中心：** 勾选该复选框时，将导入模型并将模型放到环境的正中心，模型的原始3D坐标将被删除。如果不勾选该复选框，模型将被放到最初创建时的3D空间的相同位置。
- **贴合地面：** 勾选该复选框，将导入模型直接定位到地面上，这也将删除模型的原始3D坐标信息。
- **保持与原始起点的相对位置：** 勾选该复选框时，将导入模型并保留与原始起点有关的模型位置。
- **向上：** 不是所有的建模软件都以相同的方式定义向上轴的，可能需要根据应用程序设置不同的方向，而不是默认的"Y向上"设置，尽管KeyShot 11可以识别3D建模软件的向上方向，但你的模型可能是以不同的方向构建的。
- **计算镶嵌：** 选择该单选按钮后，可以使用"镶嵌质量"滑块或在数值输入框输入几何的镶嵌质量值。较低的值将导入更快，较高的值将导入较慢。建议使用默认值0.2。
- **从文件缓存的镶嵌：** 选择该单选按钮后，将优化镶嵌三角形的大小以提高性能。如果适用导入格式，建议启用此选项。
- **导入NURBS数据：** 勾选该复选框时，将引入NURBS几何体，确保模型上没有刻面以实现完全平滑的曲线。
- **调整相机来查看几何图形：** 勾选该复选框时，相机将居中以适应场景里导入的几何图形。
- **按部件名称解除链接材质：** 勾选该复选框时，将通过在每个材料名称前加上零件名称来隔离每个零件的链接材料。
- **将场景中的材质应用于匹配的源名称：** 勾选该复选框时，可以将场景中的材质导入，以确保场景中指定的材质与计算机中的模型材质名称匹配。
- **将库中的材质应用于匹配的源名称：** 勾选该复选框时，如果原材质与 KeyShot 11库中的材质同名，则在导入时自动分配材质。

- **结构场景树分层依据**：使用此下拉菜单设置场景树结构。根据文件格式显示不同的选项。
  - **对象（名称）**：保留装配结构和命名，以确保准确性和灵活性。
  - **材质（类型）**：通过为每种材料创建单个部分来扁平化层次结构以获得更简单的树结构。
- **启用快速导入**：勾选该复选框时，当前导入对话框中的设置将被记住并在下次导入相同文件格式的模型时应用。用户可以在首选项的导入设置中禁用或编辑快速导入的设置。

7.2 KeyShot 11与Rhino的对接

实现KeyShot 11与Rhino的对接问题需要用到插件，用户可以直接下载KeyShot 11的插件。打开网页后找到下左图的犀牛图标，下载完成后进行安装，显示下右图的状态时表示安装成功。

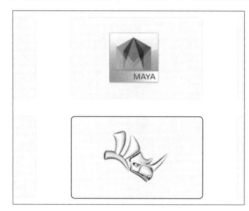
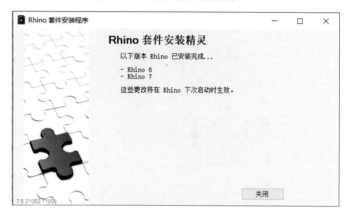

此时重新启动Rhino软件，会显示下左图的图标，表示成功对接，可以在Rhino中直接打开KeyShot 11渲染器进行细节渲染。若不小心关闭或者打开之后没有此图标，用户可以打开Rhino的"文件属性"对话框，在"工具列"选项面板中勾选KeyShot 11插件复选框，单击"确定"按钮完成操作，如下右图所示。

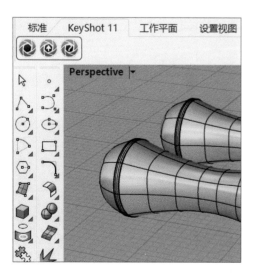

7.3 KeyShot 11的常用基本操作

当Rhino中的模型导入KeyShot 11之后，可以在KeyShot 11中进行一些简单的编辑，比如隐藏或显示、移动、旋转、赋予材质、修改材质以及选择贴图等。下面具体介绍KeyShot 11中的一些常用的基本操作。

7.3.1 移动/旋转/缩放场景

本小节我们将介绍如何在KeyShot 11中对场景进行移动、旋转或缩放等操作，具体如下。

（1）放大或缩小场景

在KeyShot 11中，通过滚动鼠标中键可以放大或缩小场景，向上滚动鼠标中键，即缩小模型，如下左图所示。向下滚动鼠标中键，即放大模型，如下右图所示。

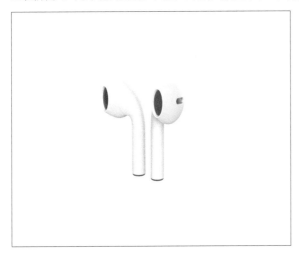 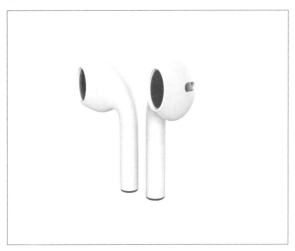

（2）移动场景

按住鼠标中键不放可以移动场景，在视图操作区的空白处或模型上下左右拖动，即可对视图进行平移操作，下左图为平移操作前，下右图为平移操作后。

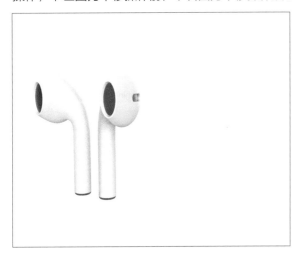 

（3）自由旋转

在KeyShot 11中，鼠标左键提供了自由旋转功能。在视图操作区的空白处或模型上下左右拖动，即可对视图进行旋转操作，下左图为旋转操作前，下右图为旋转操作后。

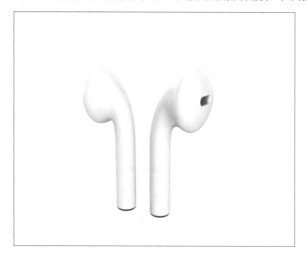 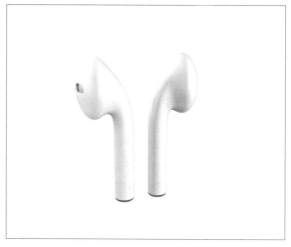

除了应用鼠标进行场景的缩放、移动和旋转外，用户还可以使用工具栏中的"移动""缩放"和"旋转"按钮来进行视图操作，方法是单击工具栏中相应的按钮进行激活，然后使用鼠标左键在视图区域操作，如下图所示。

7.3.2　组件的隐藏和显示

若要隐藏组件，则右击需要隐藏的部件，在弹出的快捷菜单中选择需要隐藏的部件选项，如下左图所示。当右击某个部件并选择"仅显示"命令时，模型的单个部件就会显示出来。

部件的显示与隐藏也可以通过单击场景树中的小眼睛图标进行隐藏与显示切换，下右图中灰色加红色斜杠表示隐藏的组件。

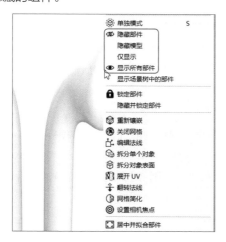 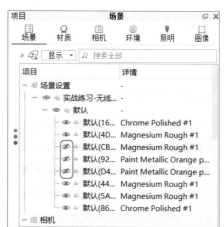

7.3.3 移动组件

在KeyShot 11渲染器中，用户可以右击模型或部件，在弹出的快捷菜单中选择移动模型或移动部件命令来移动模型和部件，此时会显示"位置"选项区域，通过单击和拖动，在x、y和z轴方向进行平移、旋转和缩放，也可以直接在框内输入数值，如下图所示。

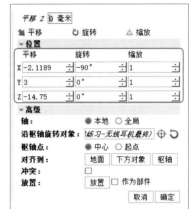

- **平移Z**：移动完成后，移动工具的顶部会显示平移/旋转/缩放对象的程度，也可以编辑该值。
- **模式选择**：选择想在移动工具上看到的手柄。旋转时，可以在拖动的同时按Shift以使旋转以15度的增量对齐。
- **位置**：此部分将显示当前正在移动的对象的确切位置，可以编辑这些框以快速调整对象位置。
- **轴**：选择一个轴来引用转换。
  - **本地**：选择该单选按钮，则使用零件或模型中固有的轴。
  - **全局**：选择该单选按钮，则使用KeyShot 11场景中的x、y、z坐标。

- **沿枢轴旋转对象**：默认情况下，枢轴位于当前选择的中心。要选择另一个枢轴点，请单击 ⊕ 选择图标以启动"枢轴选择"对话框，如右图所示。
  - **选择**：当显示"枢轴选择"对话框时，用户可以选择要用作枢轴的零件或模型/组在枢轴对话框中或单击实时视图中的零件，然后单击"确定"按钮，将选择的中心设置为枢轴。将枢轴字段中的名称更改为零件/组的名称，并且将移动工具移动到枢轴点。
  - **重置**：单击该按钮会将轴心点返回到零件中心的原始位置，轴心字段中的文本将再次显示。
- **枢轴点**：如果对象已使用偏离中心的枢轴点建模，可以在此处选择应使用的枢轴点。
  - **中心**：物体中心将作为移动的轴心点。
  - **起点**：对象建模软件中定义的轴心点将作为移动的轴心点。
- **对齐到**：允许用户快速将对象移动到位。
  - **地面**：对齐地面快速移动模型在y方向（上下）以将模型边界框上的最低点捕捉到地平面。当模型已移动且不再接触地平面时，这很有用。
  - **下方对象**：自动将对象边界框的底部边缘移动到位于下方的零件边界框的顶部边缘。
  - **枢轴**：对齐到枢轴选项会将零件移动到选定的枢轴。更准确地说，该选项会将零件的中心与枢轴对象的中心对齐。
- **冲突**：切换碰撞检测。勾选后在场景中移动对象时，将检测到对象之间的碰撞，并且更容易避免相交对象。
- **放置**：该功能将使用物理方法放置当前选定的对象。
  - **作为部件**：如果选择了一个组，切换此选项会使解决方案将组的部件视为单独的对象。
- **取消/确定**：要完成移动，请单击"确定"按钮。要取消已完成的移动，请单击"取消"按钮。

7.3.4 编辑组件材质

材质可以看成是材料和质感的结合,在对模型进行渲染的过程中,它是表面各个可视属性的结合,这些可视属性是指表面的色彩、纹理、光滑度、透明度、反射率、折射率、发光度等。因此,材质在3D渲染过程中有着非常重要的作用,下面对物件材质的编辑操作进行介绍。

当在材质库中使用材质并分配到模型时,该材质被放置在"项目"材质库中,如下左图红框所示。所有材质将以缩略图的形式显示,该窗口将显示活跃场景内的所有材质,如果材质不再在场景中使用,它会自动从项目库中删除。用户可以使用多种方法进行材质属性的更改,但所有编辑都在项目窗口的"材质"选项卡中完成,如右侧"材质"图所示。

用户可使用以下四种方法中的任何一种访问材质属性。

方法1:在实时视图中双击模型上的零件。

方法2:双击项目对话框中场景的材质缩略图。

方法3:右键单击场景树中的零件并选择"编辑材质"命令。

方法4:在场景树中选择零件,然后从"属性"窗格中选择"编辑材质"命令。

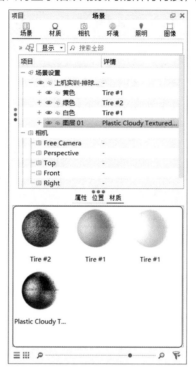

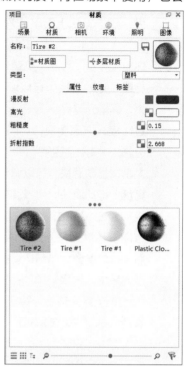

7.3.5 赋予组件贴图

在KeyShot 11渲染器中,所有的贴图纹理设置都位于"项目"面板"材质"选项卡下的"纹理"子选项卡中,在该选项卡下列出了所有可用的纹理类型,如下两图所示。

要想赋予组建贴图纹理,则用户可以双击要添加的纹理样本,在打开的窗口中选择应用为纹理的图像文件,或从"库"面板中直接拖放系统自带的纹理样式。

用户还可以通过程序贴图下拉列表,选择纹理类型作为纹理贴图,使用列表里的复选框切换显示纹理。需要注意的是,可用的纹理类型将根据用户正在使用的材质类型而改变。

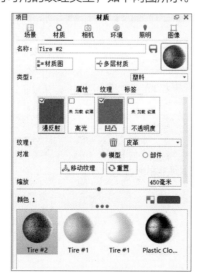

知识延伸：环境参数的更改与设置

下图为KeyShot 11渲染器中的"环境"选项面板，在该面板中用户可以编辑场景中环境背景及灯光亮度、大小等。下面将对"环境"选项面板中各选项的应用进行具体介绍。

- **环境**：下拉列表框中包含了场景中所有的环境，选择一个环境，会切换为该场景。单击左边场景栏中图标，从上至下依次为："复制当前选中环境" 、"创建空白的环境贴图" 、"添加相机和环境工作室" 和"删除环境" 。

- **亮度**：拖动滑块，可以调节环境光的亮度。值越大，环境光越亮。

- **对比度**：拖动滑块，可以调节环境光的对比度。值越大，对比越强烈。

- **大小**：拖动滑块，可以调节环境光的大小。

- **高度**：拖动滑块，可以调节环境光的高度。

- **旋转**：左键单击波轮拖拽，调节环境光打光的方向，环境光打光方向沿着渲染物体360度旋转后，框中度数为当前环境光打光的位置。

- **照明环境**：选择该单选按钮后，环境背景以Key-Shot渲染灯光环境为背景。

- **颜色**：选择该单选按钮，自定义渲染环境背景颜色，单击后面颜色框，弹出"背景颜色"对话框，这里我们可以自定义背景颜色。

- **背景图像**：选择该单选按钮，软件自行弹出"打开背景"对话框，我们只需要找到计算机中的背景图片，添加为渲染产品的背景。

- **地面阴影**：勾选此复选框，为我们渲染的产品加上地面阴影。

- **地面遮挡阴影**：勾选此复选框，在渲染产品的地面上显示因渲染产品遮挡留下的地面阴影。

- **地面反射**：勾选此复选框，渲染产品会在地面上形成地面反射。

- **整平地面**：勾选此复选框，环境背景贴图有一个平整的地面。

- **地面大小**：拖动滑块，调整环境贴图地面的大小。

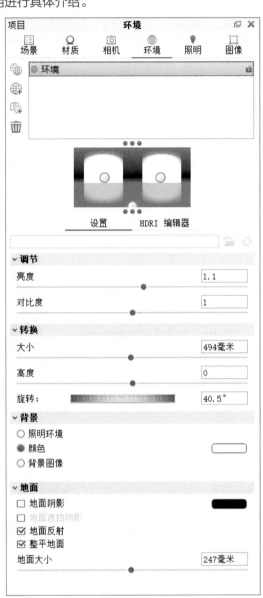

上机实训：排球模型的渲染表现

扫码看视频

学习了KeyShot 11渲染器应用后，下面将学习应用KeyShot 11渲染器为排球模型添加材质并且进行渲染的方法，具体操作步骤如下。

步骤 01 首先用Rhino打开需要渲染的"排球渲染.3dm"文件，选择标准工具栏中"KeyShot 11"选项卡（前提是已经安装KeyShot 11插件），找到"发送到KeyShot 11"命令，如下左图所示。

步骤 02 接着KeyShot 11会自动打开Rhino模型文件，如下右图所示。

步骤 03 下面开始调整渲染排球的位置，右键单击排球模型，选择"移动模型"命令，如下左图所示。

步骤 04 此时弹出"移动"面板，单击"对齐到"中"地面"按钮，如下右图所示。

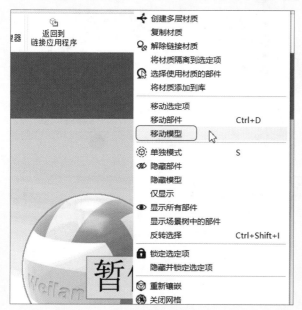
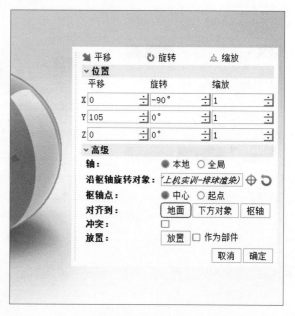

步骤 05 下面开始赋予排球材质，双击排球深绿色组成部分，打开"项目"材质面板，设置材质类型为"塑料"，色彩为深绿色，折射指数为2.104，如下左图所示。

步骤 06 接着单击"纹理"选项，在"纹理"下拉列表中选择"皮革"，如下右图所示。

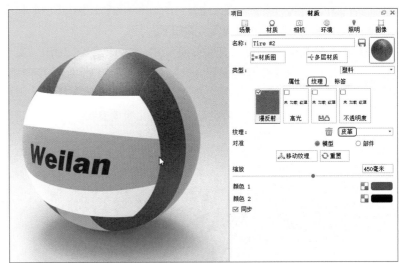

步骤 07 开始赋予排球皮革纹理，首先双击排球深色组成部分，打开"库"纹理面板，在纹理库中选择"0019_FTW_EarthyLeather_DISP_2k.jpg"为排球加上皮革凹凸纹理，如下图所示。

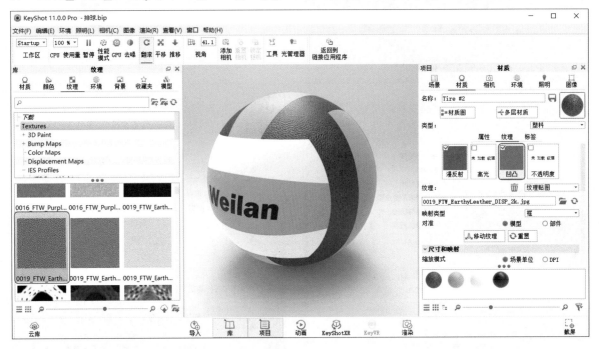

步骤 08 运用同样的方法，把排球其他颜色部分同样附上材质。设置完材质，在库环境中给排球添加环境，如下左图所示。

步骤 09 设置完所有参数后，单击工具栏中的"渲染"按钮，在打开的"渲染"对话框中设置输出的格式，如下右图所示。

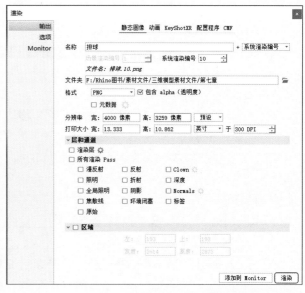

步骤 10 查看渲染后的排球效果，如下图所示。

课后练习

一、选择题

（1）KeyShot 11是由（　　　）公司推出的一个互动的光线追踪与全域光渲染程序。

　　　A. SIMINES　　　　　B. Luxion　　　　　C. Autodesk　　　　　D. 达索

（2）在KeyShot 11中，按下（　　　）键会弹出"库"面板，该面板包含各种模型所需的工具、材料、设备等。

　　　A. O　　　　　　　　B. N　　　　　　　　C. M　　　　　　　　D. K

（3）在KeyShot 11中，通过按住（　　　）可以移动场景。

　　　A. 鼠标左键　　　　　B. 鼠标中键　　　　　C. 鼠标右键　　　　　D. 空格键

（4）（　　　）格式的文件无法导入KeyShot 11中。

　　　A. DXF　　　　　　　B. STEP　　　　　　　C. IGS　　　　　　　D. 3dm

二、填空题

（1）KeyShot 11渲染器的工作界面包括＿＿＿＿＿＿、＿＿＿＿＿＿、＿＿＿＿＿＿、＿＿＿＿＿＿以及在面板工具栏中打开的＿＿＿＿＿＿和＿＿＿＿＿＿。

（2）在Rhino中，若不小心关闭或者打开之后没有KeyShot 11插件，用户可以打开Rhino的＿＿＿＿＿＿对话框，在"工具列"选项面板中勾选KeyShot 11插件复选框，单击"确定"按钮进行设置。

（3）在KeyShot 11中，当右击某个部件并选择＿＿＿＿＿＿命令时，将会显示模型的单个部件。

（4）材质可以看成是材料和质感的组合，在对模型渲染中，它是表面各可视属性的结合，这些可视属性是指表面的＿＿＿＿＿＿、＿＿＿＿＿＿、＿＿＿＿＿＿、＿＿＿＿＿＿、＿＿＿＿＿＿、＿＿＿＿＿＿、＿＿＿＿＿＿等。

三、上机题

　　通过本章内容的学习，相信大家可以熟练掌握KeyShot软件的应用，下面利用本章所学知识，给金元宝添加材质并渲染，从而对所学的知识进行巩固。材质设置如下左图所示，渲染后最终效果如下右图所示。

操作提示

① 首先打开"金元宝.3dm"文件。

② 在左侧库材质中选择金（Gold）材质，然后将合适的金材质拖到模型上赋予。

③ 赋予材质后单击"渲染"按钮，设置输出样式，进行渲染操作。

第二部分
综合案例篇

综合案例篇共两章内容，主要通过介绍电钻模型和智能手机模型创建过程，对Rhino中常用工具和重点知识进行精讲和操作。通过本部分内容的学习，读者更加清楚地了解Rhino软件的建模思路，达到运用自如，融会贯通的学习目的。

第8章 制作电钻模型

本章概述

本章将使用Rhino 7强大的细分功能和简单易懂的操作命令，创建一个电钻模型，然后使用Key-Shot 11进行渲染输出。通过本章的学习，用户对使用Rhino建模的思路和方法会有更深刻地了解。

核心知识点

❶ 了解Rhino 7的建模原理
❷ 熟悉Rhino 7各种建模工具的用法
❸ 熟悉Rhino 7细分功能的应用
❹ 熟悉Rhino 7中修剪与分割的操作方法

8.1 创建电钻模型

对于新产品的设计开发，我们先进行草图创意，接着在三维软件中对确定的草图进行建模，然后进行渲染。渲染是对预期产品的重要表现形式，不仅能确定产品的尺寸轮廓，还能综合考虑产品结构的实现以及后期模具开发的前期预判。下面将新建一个电钻的模型。

扫码看视频

8.1.1 运用细分工具创建电钻机身大形

要创建电钻模型，首先打开Rhino 7应用程序，在开始面板的"模板文件"选项列表中选择"小模型-毫米"选项，进入初始界面后，在状态栏中单击"操作轴""平面模式""物件锁点"选项按钮。在物件锁点复选框中勾选"端点""交点""四分点""节点"和"顶点"复选框，完成建模前期设置。接下来将详细介绍运用细分工具创建电钻机身大形的操作步骤。

步骤 01 在左侧工具栏中执行"多重直线"命令 ，在右视图中画一条长度为150mm的直线，起点为坐标原点，平行于x轴，沿x轴正方向。再在上方工具栏中单击"工作视窗配置>添加一个图像平面"按钮，在打开的"打开位图"对话框中选择要打开的参考图片，单击"打开"按钮，如下左图所示。

步骤 02 对位图平面的第一点捕捉在原点，单击鼠标左键确认，第二点捕捉线段的另一端，如下右图所示。（这样做保证了模型与真实物体尺寸接近）

步骤03 在"材质"属性面板中设置"透明度"的值为40%，用于防止图片颜色过深影响操作，如下左图所示。

步骤04 选择图片平面，执行标准工具栏中"锁定物件"命令🔒，防止在后面的操作中不小心移动图片位置，如下右图所示。

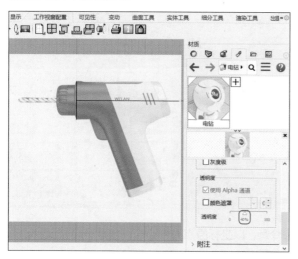

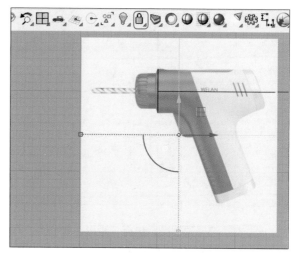

步骤05 选择前视图，执行"创建细分圆柱体"命令🔲。根据命令行提示，以坐标原点为圆心，创建一个直径为55mm、圆柱端点为−150mm的细分圆柱体，如右图所示。

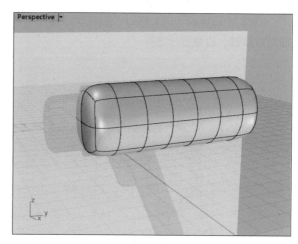

步骤06 选择前视图，再选择上一步创建的细分圆柱体，执行"旋转"🔲命令，根据命令行提示，选择以坐标原点为旋转中心，细分圆柱体四分点为旋转起点，按住Shift键，把细分圆柱体转正，效果如右图所示。

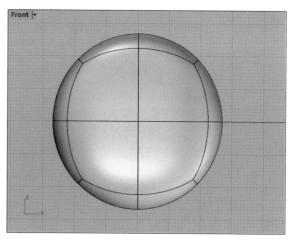

步骤 07 选择顶视图，执行"创建细分圆柱体"命令 ⬛。根据命令行提示，以坐标原点为圆心，创建一个直径为40mm、圆柱端点为–100mm的细分圆柱体，如下左图所示。

步骤 08 重复步骤06，把细分物件转正，如下右图所示。

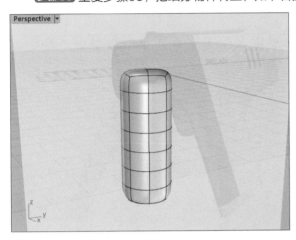 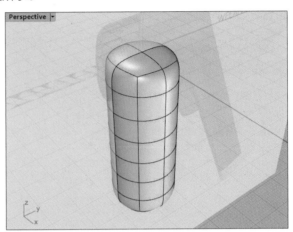

步骤 09 选择顶视图，执行"矩形：中心点、角"命令 ⬛，以坐标原点为中心点，创建一个长55mm、宽40mm的矩形，如下左图所示。

步骤 10 选择顶视图，执行"镜像细分物件"命令 ⬛，选择下右图细分物件，根据命令行提示，选择x轴为对称轴，镜像细分物件。

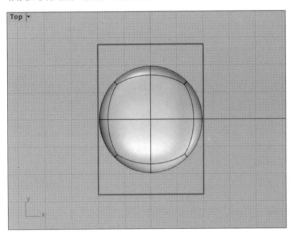 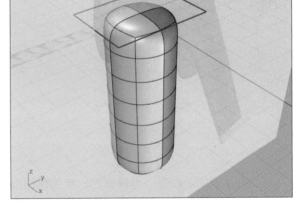

步骤 11 右键执行"插入细分边缘（环形）"命令 ⬛，添加环形边缘，如右图所示。

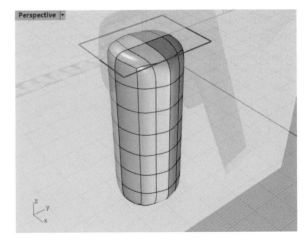

步骤12 执行"添加锐边"命令 ◇，对边缘进行添加锐边，如右图所示。

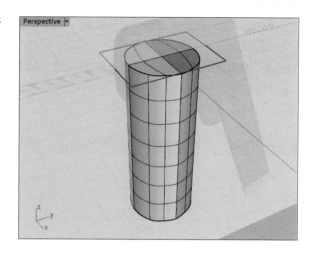

步骤13 执行"显示物件控制点"命令 ☜，对镜像细分圆柱体显示控制点，如下左图所示。

步骤14 选择顶视图，执行"设置 xyz"命令 ▦，对细分物件控制点进行调整，如下右图所示。

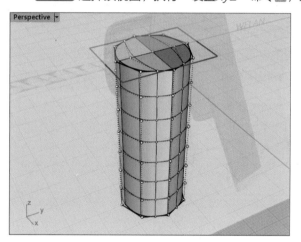
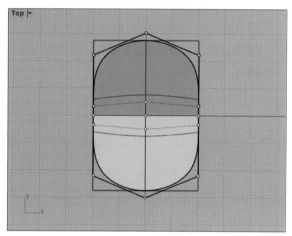

步骤15 右键执行"镜像细分物件"命令 ⑧，从细分物件中移除镜像对称，如下左图所示。

步骤16 执行"合并网格面"命令 ▨，合并细分面，如下右图所示。

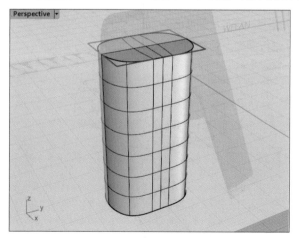
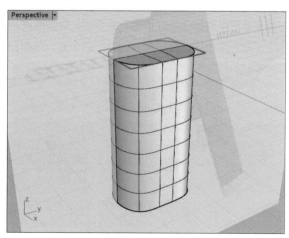

步骤 17 选择右视图，执行"多重直线"命令 ✐，绘制下左图的直线。

步骤 18 选择右视图，分别执行"移动" ✥ 和"旋转" ↻ 命令，旋转中心点为坐标原点，旋转角度为 -21度，根据电钻参考图，调整细分物件位置，如下右图所示。

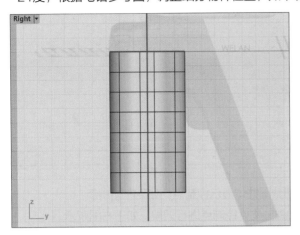
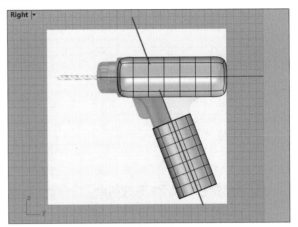

步骤 19 执行"添加锐边"命令 ✐，对下左图边缘进行添加锐边操作。

步骤 20 执行"桥接网格或细分"命令 ⊞，对下右图中边细分面进行桥接，设置分段数为3。

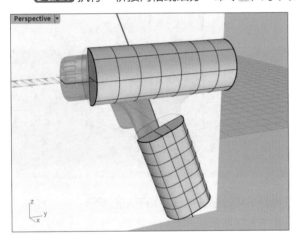
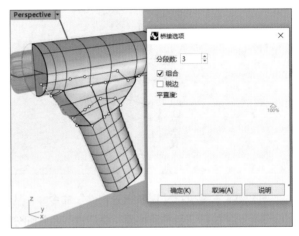

步骤 21 执行"移除锐边"命令 ✐，对边缘进行移除锐边，如下左图所示。

步骤 22 执行"镜像细分物件"命令 ▥，对细分物件进行镜像，对称轴选择 y 轴，如下右图所示。

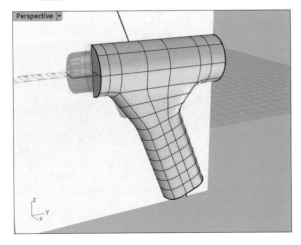
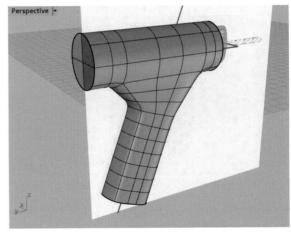

步骤23 执行"显示物件控制点"命令🗹，单击上一步镜像的细分物件，如下左图所示。

步骤24 结合电钻背景图，通过移动控制点调整，使其更符合电钻参考图轮廓，如下右图所示。

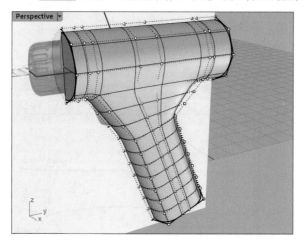
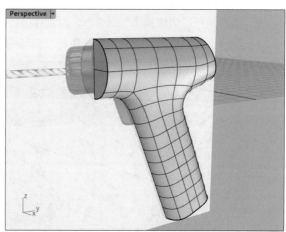

步骤25 执行"将物件转换为NURBS"命令🗹，将上一步调整好的细分物件转换为NURBS曲面，如右图所示。

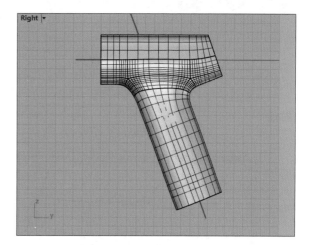

步骤26 选择转换的NURBS物件，在选择图形面板中属性面板下，设置"显示曲面结构线"复选框为取消勾选状态，如右图所示。

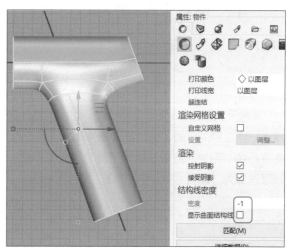

8.1.2　分割电钻模型

执行"线切割"命令◎对电钻模型进行各个部件的分割，然后对各部件进行逐步细化，具体操作如下。

步骤01 执行"边缘斜角"命令◎，对物件进行倒斜角，半径值为2mm，如下左图所示。

步骤02 选择右视图，绘制草图，执行"偏移曲线"命令◎，偏移值为4mm，如下右图所示。

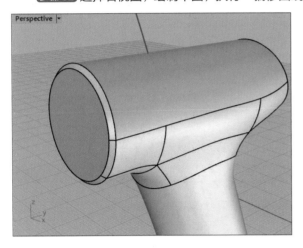
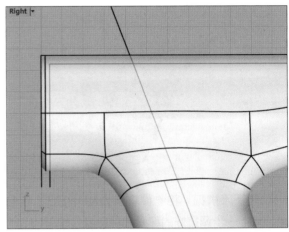

步骤03 根据电钻背景图，调整曲线，如下左图所示。

步骤04 执行"曲线圆角"命令◎，对曲线进行倒圆角，半径为4mm，如下右图所示。

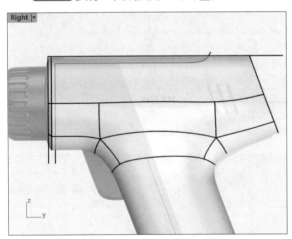
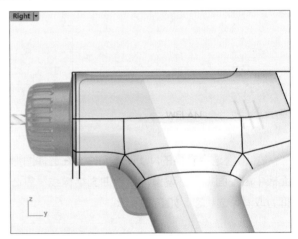

步骤05 执行"线切割"命令◎，切割用物件选取上一步绘制的草图，要切割的物件选择电钻机身，命令行中"两侧"选项选择为"是"，"全部保留"选项选择为"是"，得到两个实体，如右图所示。

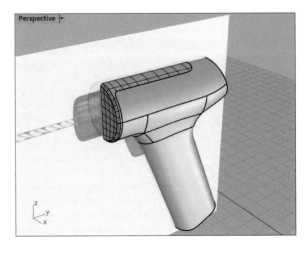

步骤06 执行"挤出面"命令⬛，选择电钻把手底面，挤出距离为25mm，如右图所示。

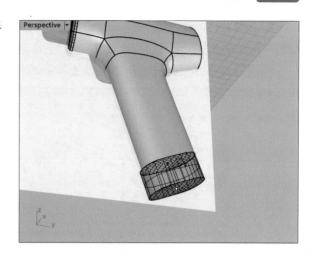

步骤07 选择右视图，执行"多重直线"命令◿，绘制垂直于电钻把手的直线，如下左图所示。

步骤08 选择右视图，执行"偏移曲线"命令◿，偏移上一步绘制的直线，偏移距离为10mm，如下右图所示。

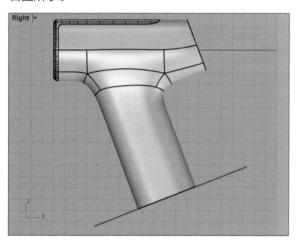
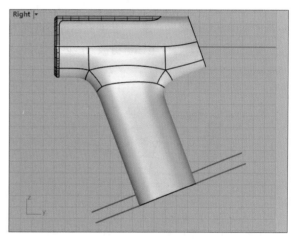

步骤09 执行"线切割"命令⬛，切割用物件选取上一步偏移的直线，要切割的物件选择电钻机身，命令行中两侧选项选择为"是"，全部保留选项选择为"是"，得到两个实体，如下左图所示。

步骤10 选择右视图，选择下右图绘制的草图。

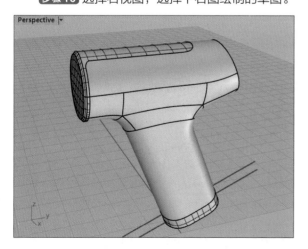
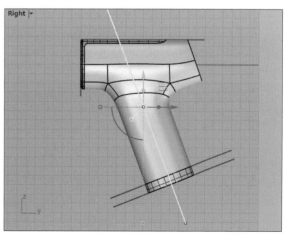

步骤 11 执行"线切割"命令🔲，切割用物件选取上一步选择的草图，要切割的物件选择电钻机身，命令行中两侧选项选择为"是"，全部保留选项选择为"是"，得到两个实体，如下左图所示。

步骤 12 选择右视图，执行"偏移曲线"命令🔲，偏移下右图的直线，偏移距离为60mm。

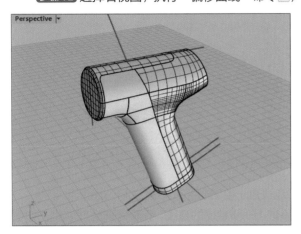 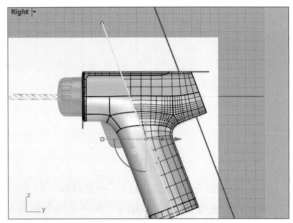

步骤 13 执行"线切割"命令🔲，切割用物件选取上一步偏移的草图，要切割的物件选择电钻机身，命令行中两侧选项选择为"是"，全部保留选项选择为"是"，得到两个实体，如下左图所示。

步骤 14 至此，整个电钻机身被分成四个部分，如下右图所示。

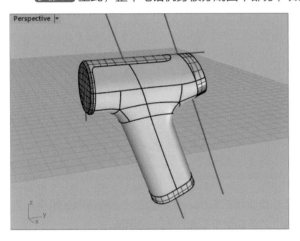 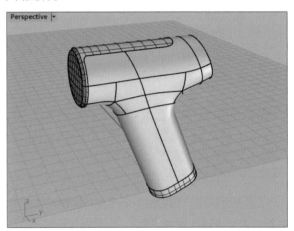

8.1.3　电钻细节建模

本节将对电钻标尺、把手防滑纹路、电钻后液晶显示和电钻散热孔等细节部分进行细化，具体操作如下。

步骤 01 执行"抽离曲面"命令🔲，抽离右图的面，进行删除。

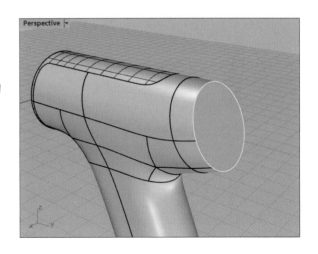

步骤 02 执行"以平面曲线建立曲面"命令 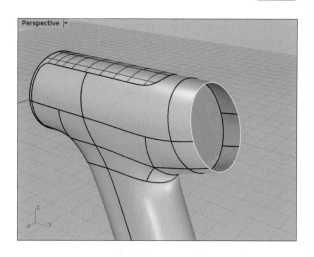 ，选择右图的曲线建立曲面。

步骤 03 执行"偏移曲线"命令 🔗 ，偏移下左图的直线，偏移距离为10.3mm。

步骤 04 执行"修剪"命令 ✂️ ，切割用物件选择刚刚偏移得到的曲线，修剪后如下右图所示。

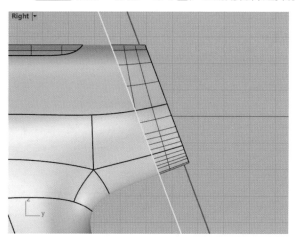 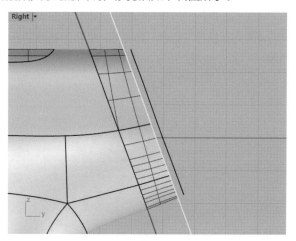

步骤 05 右键执行"合并边缘"命令 📐 ，选择"全部"选项，合并下左图的边缘。

步骤 06 执行"偏移曲线"命令 🔗 ，选择上一步合并的曲线，偏移两次。偏移值分别为2mm和2.5mm，得到两条偏移曲线，如下右图所示。

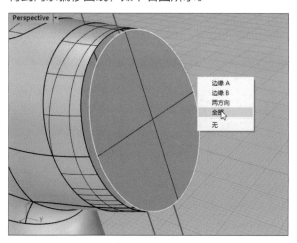 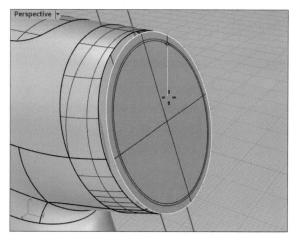

步骤 07 执行"修剪"命令圆，切割用物件选择刚刚偏移2mm的曲线，修剪后的效果如下左图所示。

步骤 08 执行"复制边缘"命令圆，复制下右图的边缘，复制后执行"组合"命令圆，组合曲线。

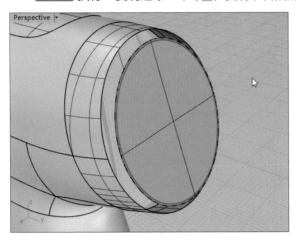
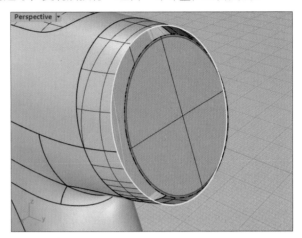

步骤 09 执行"放样"圆命令，放样下左图的两条曲线。

步骤 10 执行"组合"命令圆，组合下右图的三个曲面。

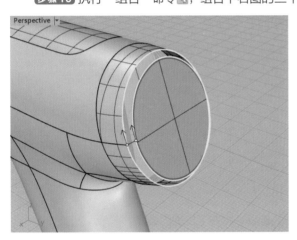
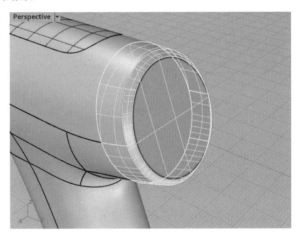

步骤 11 执行"线切割"命令圆，切割用物件选取下左图的曲线，要切割的物件选择电钻显示屏部分，命令行中两侧选项选择为"否"，全部保留选项选择"是"，显示屏部分得到两个实体。

步骤 12 执行"边缘圆角"命令圆，对下右图的边缘进行倒圆角处理，半径为1mm。

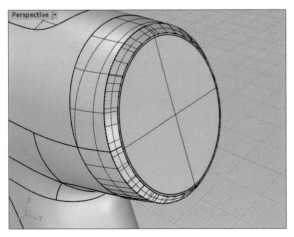
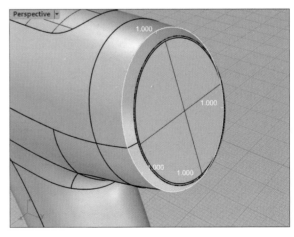

步骤13 选择右视图，执行"矩形：中心点、角"命令▣，绘制一个宽2mm、长20mm的矩形，如下左图所示。

步骤14 执行"旋转"命令🔄，选择刚刚绘制的草图，以坐标原点为旋转中心，旋转21度，效果如下右图所示。

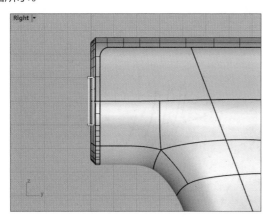 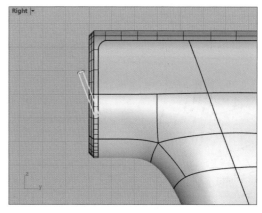

步骤15 执行"矩形阵列"命令▦，对已旋转的矩形进行沿y轴阵列，阵列个数为3，阵列距离为5mm，如下左图所示。

步骤16 执行"移动"命令🔀，移动刚刚阵列的矩形，沿y轴移动99mm，接着沿z轴移动2mm，如下右图所示。

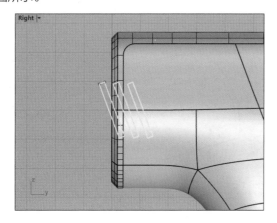 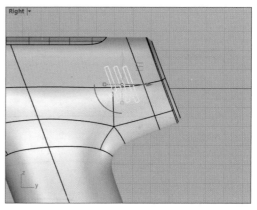

步骤17 执行"全部圆角"命令🔾，对阵列的矩形进行倒圆角处理，半径为0.8mm，如下左图所示。

步骤18 执行"偏移曲面"命令🔘，偏移下右图的曲面，偏移距离为2mm，命令行中实体选项选择"否"。

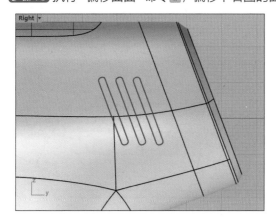 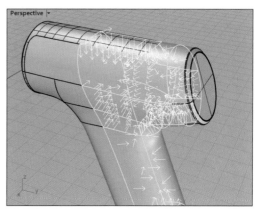

步骤 19 执行"线切割"命令 ，切割用物件选取阵列的曲线，要切割的物件选择电钻机身后半部分，命令行中两侧选项选择为"是"，全部保留选项选择"否"，如下左图所示。

步骤 20 执行"布尔运算差集"命令 ，选取电钻机身后半部分和刚刚偏移的实体，得到下右图的结果。

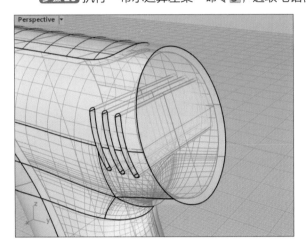 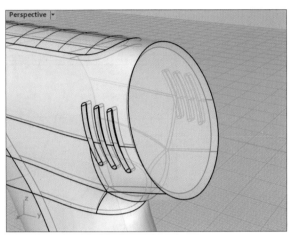

步骤 21 选择右视图，根据电钻背景图进行草图绘制，绘制的草图效果如下左图所示。

步骤 22 执行"线切割"命令 ，切割用物件选取上一步绘制的草图，要切割的物件选择电钻标尺部件，命令行中两侧选项选择为"是"，全部保留选项选择"否"，如下右图所示。

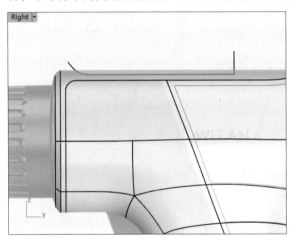 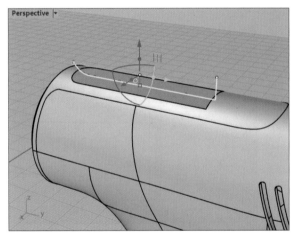

步骤 23 执行"抽离曲面"命令 ，抽离右图的曲面。

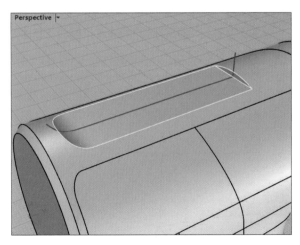

步骤24 执行"多重直线"命令，绘制的直线
效果如右图所示。

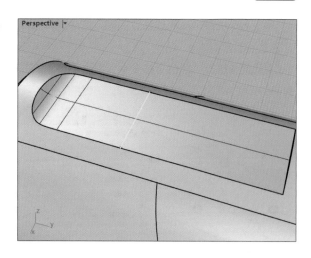

步骤25 执行"修剪"命令，以上一步绘制的直线为切割用物件，修剪抽离的曲面，如下左图所示。
步骤26 执行"抽离结构线"命令，抽离后的曲面如下右图所示。

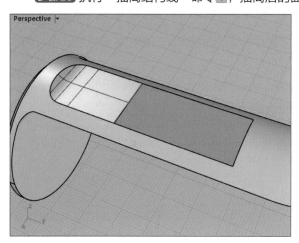
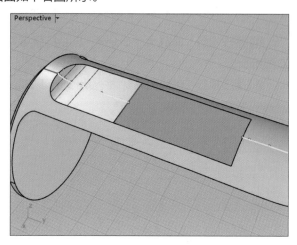

步骤27 执行"可调式混接曲线"命令，混接上一步抽离的结构线，如下左图所示。
步骤28 执行"组合"命令，组合下右图的曲面。

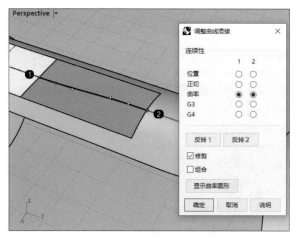
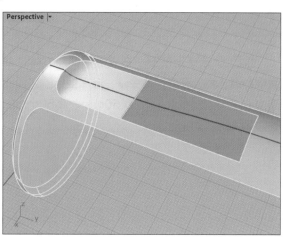

步骤29 执行"从网线建立曲面"命令📄，选择下左图的曲线进行网线曲面构建。接着组合曲面，得到电钻上半部分实体。

步骤30 执行"组合"命令📄，组合下右图的曲面，至此电钻标尺部分建模完成。

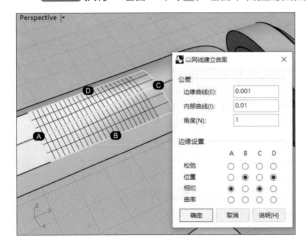

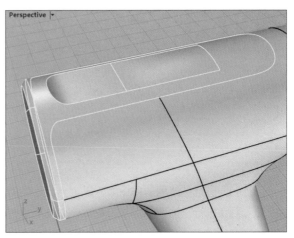

步骤31 执行"圆柱体"命令📄，以坐标原点为底面圆心，半径为23mm，圆柱端点为28mm，如下左图所示。

步骤32 执行"边缘圆角"命令📄，选择下右图的边缘，进行倒圆角处理，半径值为8mm。

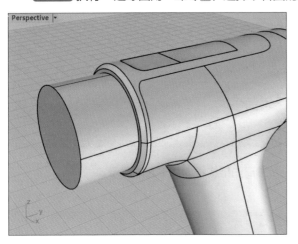

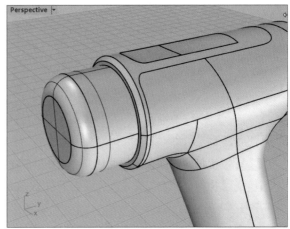

步骤33 选择顶视图，右键执行"立方体：底面中心点、角、高度"命令📄，选择坐标原点为底面中心点，绘制宽4mm、长50mm、高50mm的长方体，如右图所示。

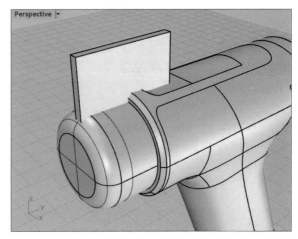

步骤34 执行"移动"命令❖，沿x轴方向移动上一步得到的立方体，移动距离为33mm，如右图所示。

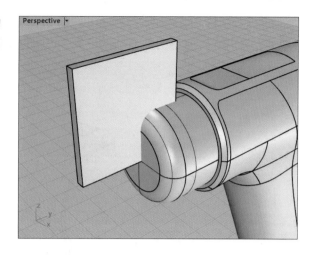

步骤35 执行"偏移曲线"命令❏，偏移下左图的曲线，偏移距离为2mm。

步骤36 执行"线切割"命令❏，切割用物件选取上一步偏移得到的曲线，要切割的物件选择立方体，命令行中两侧选项选择为"是"，全部保留选项选择"否"，如下右图所示。

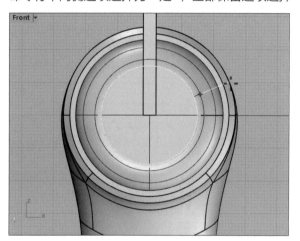

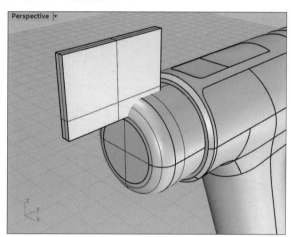

步骤37 执行"偏移曲面"命令❏，偏移电钻钻头座曲面，偏移距离为1mm，如下左图所示。

步骤38 执行"布尔运算差集"命令❏，对上一步偏移后的实体和修剪后的立方体进行布尔运算，如下右图所示。

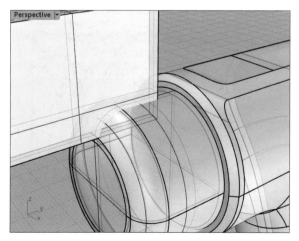

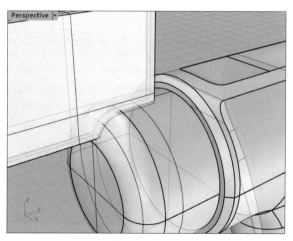

步骤 39 执行"隔离物件"命令 🔲，隔离下左图的物件。

步骤 40 执行"边缘圆角"命令 🔲，对下右图的边缘进行倒圆角处理，半径为2mm。

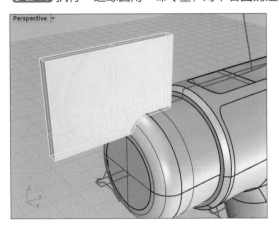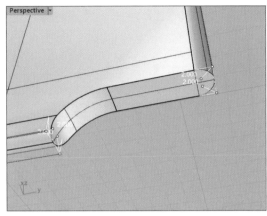

步骤 41 执行"边缘圆角"命令 🔲，对下左图的边缘进行倒圆角处理，半径为1mm。

步骤 42 选择前视图，执行"环形阵列"命令 🔲，阵列下右图的实体，阵列中心点选择坐标原点，数量设置为16。

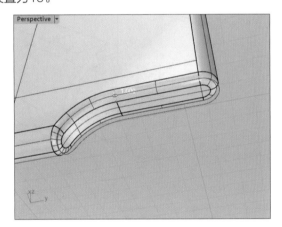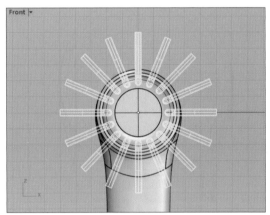

步骤 43 执行"布尔运算差集"命令 🔲，选择电钻头底座和刚刚阵列的物件进行布尔差集运算，得到下左图的结果。

步骤 44 执行"边缘圆角"命令 🔲，选择钻头底座进行倒圆角，半径值为0.3mm，如下右图所示。

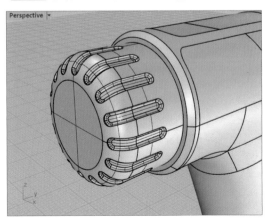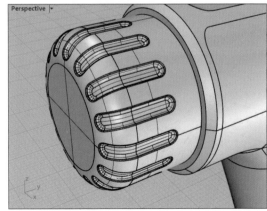

步骤 45 选择前视图，执行"圆柱体"命令 🔘，以坐标原点为底面圆心，半径为7.5mm，圆柱终点为50mm，命令行选项"两侧"改为"是"，如下左图所示。

步骤 46 执行"布尔运算差集"命令 🔘，选择电钻头底座和圆柱体物件，得到结果如下右图所示。

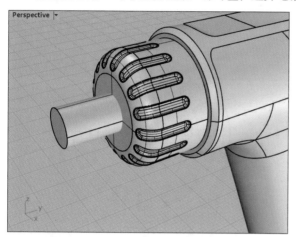
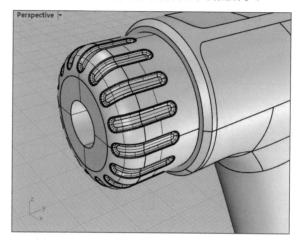

步骤 47 选择右视图，执行"多重直线"命令 🔘，绘制下左图的草图。

步骤 48 执行"旋转成形"命令 🔘，选择上一步绘制的草图进行旋转，如下右图所示。

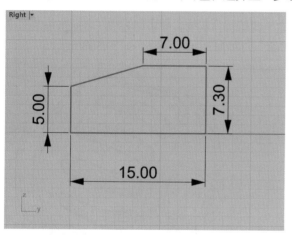
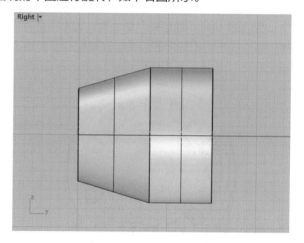

步骤 49 执行"移动"命令 🔘，沿x轴负方向移动刚刚旋转的物件，移动距离为37mm，如下左图所示。

步骤 50 选择前视图，执行"多边形：中心点、半径"命令 🔘，绘制下右图的正三角形。

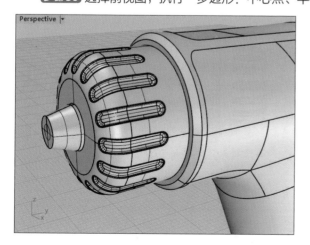
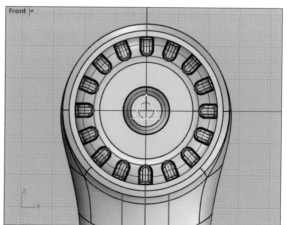

步骤51 执行"矩形：中心点、角"命令▣，选择下左图三角形为中心点，绘制宽1.5mm、长8mm的矩形。

步骤52 执行"环形阵列"命令❖，选择上一步绘制的矩形，阵列中心点为坐标原点，阵列值为3，如下右图所示。

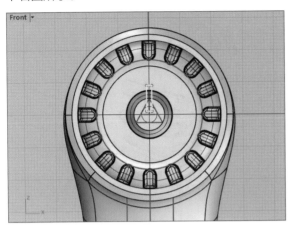
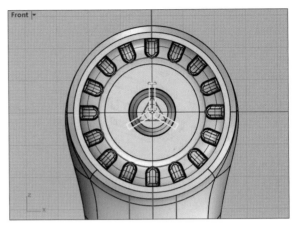

步骤53 执行"修剪"命令⚅，选择正三角和阵列的矩形进行修剪，修剪后的效果如下左图所示。执行"组合"命令⚄，组合曲线。

步骤54 执行"线切割"命令⚆，切割用物件选取上一步的组合曲线，要切割的物件选择钻头卡扣物件，命令行两侧选项选择为"否"，全部保留选项选择"否"，得到三个卡扣实体，如下右图所示。

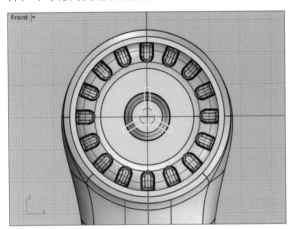
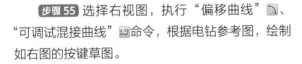
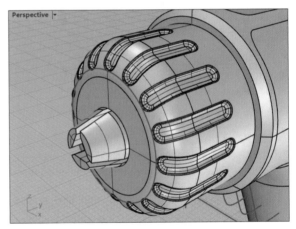

步骤55 选择右视图，执行"偏移曲线"⚇、"可调试混接曲线"⚈命令，根据电钻参考图，绘制如右图的按键草图。

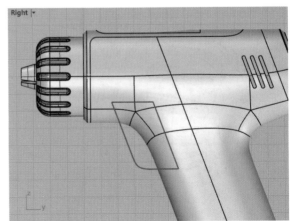

步骤56 执行"直线挤出"命令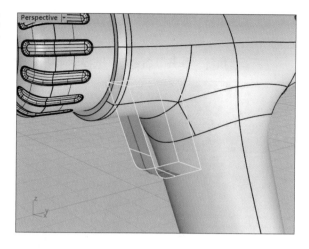，挤出长度值为7.5mm，命令行中两侧选项选择为"是"，如右图所示。

步骤57 执行"多重直线"命令，绘制如下左图的直线。

步骤58 执行"重建直线"命令，点数设置为4，阶数设置为2，如下右图所示。

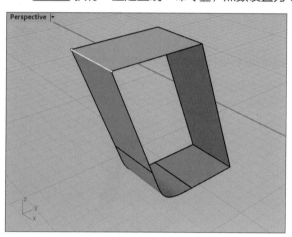

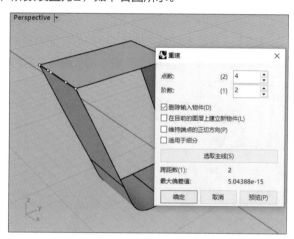

步骤59 通过调节直线控制点，调整为下左图的形态。

步骤60 执行"复制边缘"命令，复制下右图的两条边缘，复制后执行"组合"命令，得到两条曲线。

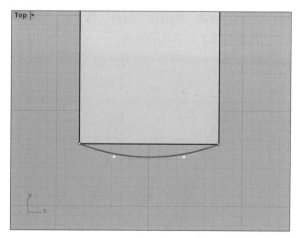

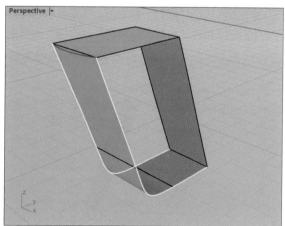

步骤 61 执行"双轨扫掠"命令 🔄，上一步复制的两条边缘为路径，调整的曲线为断面，绘制曲面如下左图所示。

步骤 62 执行"炸开"命令 🔨，选择刚刚挤出的按键，如下右图所示。

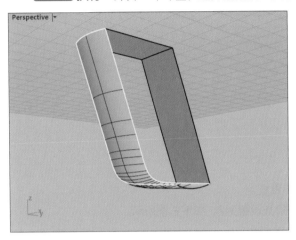
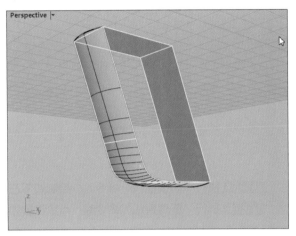

步骤 63 删除不需要的曲面，得到下左图的结果。

步骤 64 执行"延伸曲面"命令 🔧，选择下右图的曲面边缘并进行延伸，延伸距离为20mm。

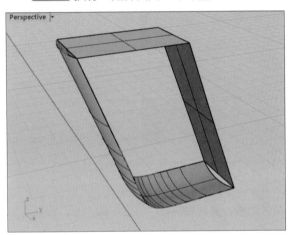
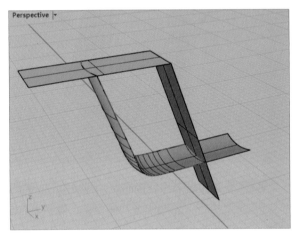

步骤 65 执行"修剪"命令 🔧，修剪多余的部分，得到下左图的结果，并执行"组合"命令 🔧。

步骤 66 执行"将平面洞加盖"命令 🔧，选择刚刚得到的组合曲面，如下右图所示。

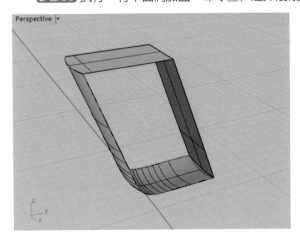
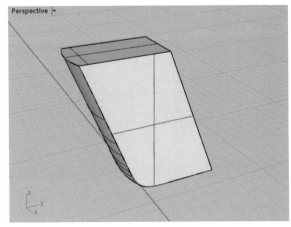

步骤 67 复制一个按键实体，执行"隐藏"命令🔅，隐藏其中一个，如下左图所示。

步骤 68 执行"布尔运算差集"命令◉，选择电钻机身前部分和上一步得到的按键实体，得到下右图的实体。

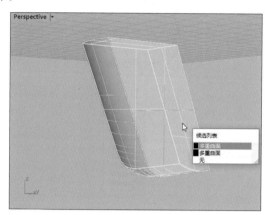
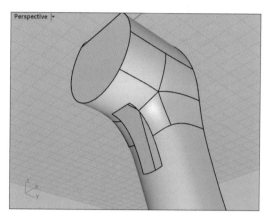

步骤 69 选择右视图，执行"旋转"命令🔄，旋转所有物件，包括参考图，以坐标原点旋转中心，旋转-21度，如下左图所示。

步骤 70 执行"矩形：中心点、角"命令▢，以坐标原点为中心点，绘制长80mm、宽3mm的矩形，如下右图所示。

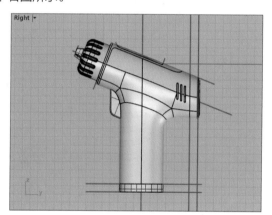
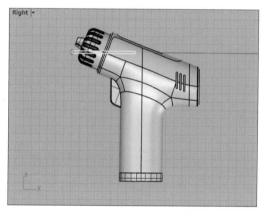

步骤 71 执行"移动"命令➡️，沿y轴负方向移动刚刚绘制的矩形，距离为135mm，如下左图所示。

步骤 72 执行"矩形阵列"命令▦，阵列刚刚移动的矩形，y方向阵列数为8，y方向的间距为8mm，如下右图所示。

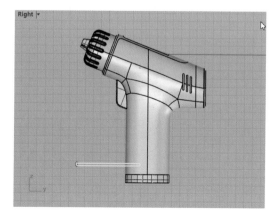
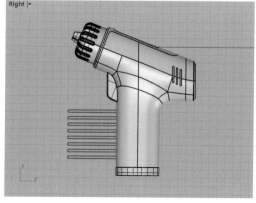

步骤 73 执行"分割"命令，以阵列的矩形为切割物件，分割电钻的把手前段，如下左图所示。

步骤 74 删除多余的曲面，如下右图所示。

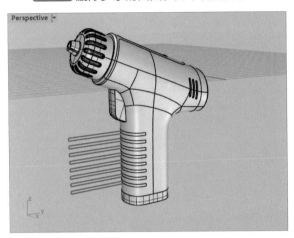
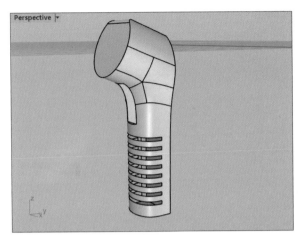

步骤 75 执行"抽离曲面"命令，抽离下左图的曲面。

步骤 76 执行"隔离物件"命令，隔离刚刚抽离的曲面，如下右图所示。

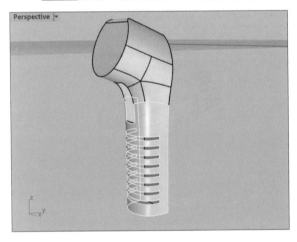
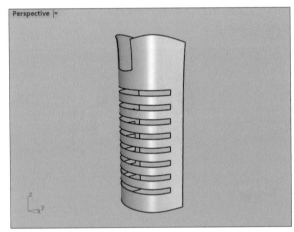

步骤 77 选择顶视图，执行"多重直线"命令，绘制下左图的直线。

步骤 78 执行"修剪"命令，修剪抽离的曲面，修剪后的效果如下右图所示。

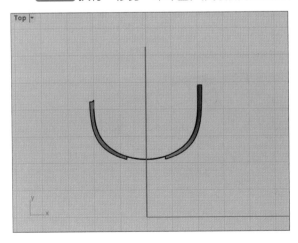
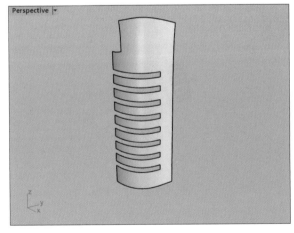

步骤79 执行"多重直线"命令 ，绘制下左图的直线。

步骤80 执行"重建曲线"命令 ，重建刚刚绘制的直线，点数为4，阶数为2，如下右图所示。

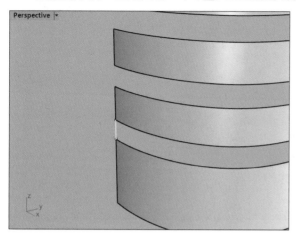
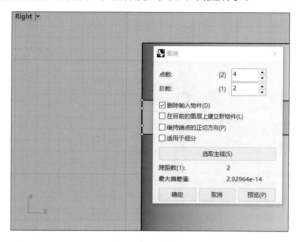

步骤81 选择右视图，调整曲线节点，调整后的效果如下左图所示。

步骤82 执行"直线挤出"命令 ，挤出上一步调整的曲线，挤出距离为7.5mm，命令行中"两侧"选项调整为"否"，如下右图所示。

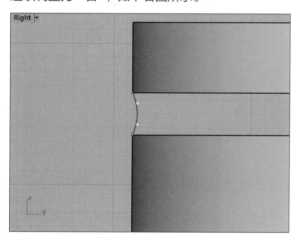
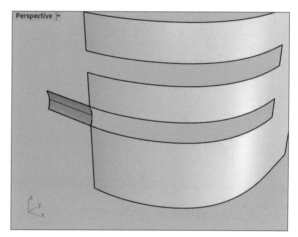

步骤83 执行"从网线建立曲面"命令 ，选择下左图的边缘进行绘制曲面。

步骤84 运用同样的方法把其他面都绘制完成，如下右图所示。

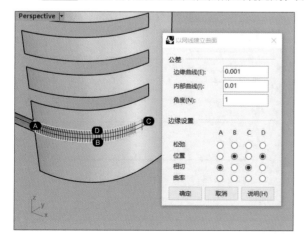
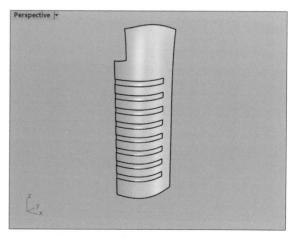

步骤 85 执行"镜像"命令 🕮，选择 y 轴为镜像轴，得到下左图的物件。

步骤 86 执行"抽离曲面"命令 🗒，抽离下右图的面。

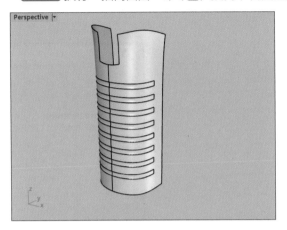 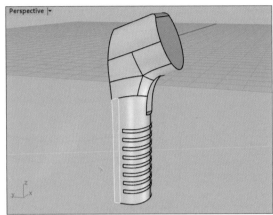

步骤 87 执行"组合"命令 🗐，组合下左图的曲面。

步骤 88 整体把手防滑纹路完成，如下右图所示。

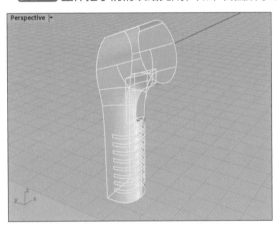 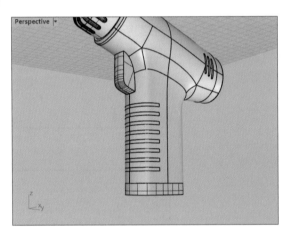

步骤 89 选择右视图，执行"矩形：中心点、角"命令 🔲，选择下左图的点为中心点，绘制长度为12mm、宽度为2mm的矩形。

步骤 90 执行"全部圆角"命令 🗐，根据命令行提示，选择上一步绘制的矩形，半径为1mm，如下右图所示。

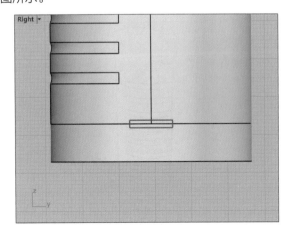 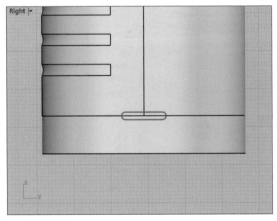

步骤 91 执行"移动"命令❷，沿 y 轴向下移动上一步得到曲线5mm，如下左图所示。

步骤 92 执行"线切割"命令❷，切割用物件选取上一步得到的圆角矩形，要切割的物件选择电钻底座，在命令行中输入切割深度值为2mm，"两侧"选项选择"否"，"全部保留"选项选择"是"，如下右图所示。

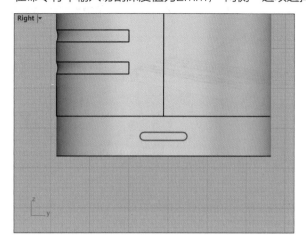
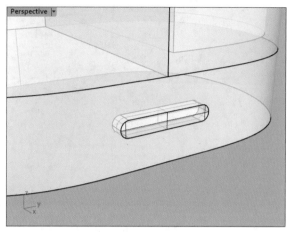

8.1.4 创建电钻徽标

我们可以通过直线"文字物件"命令❀，为电钻添加徽标，具体操作如下。

步骤 01 执行"旋转"命令❷，以坐标原点为旋转中心，旋转为21度，旋转所有物件，包括参考图，如右图所示。

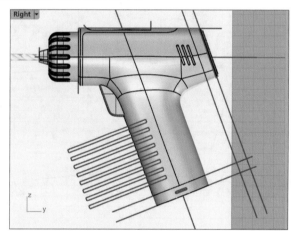

步骤 02 执行"文字物件"命令❀，输入文字"WELAN"，曲线高度值为4.2mm，如右图所示。

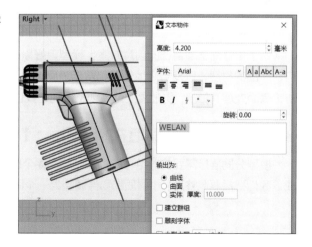

步骤 03 执行"以平面曲线建立曲面"命令◎，选择文字曲线，如下左图所示。

步骤 04 执行"将面挤出至边界"命令➡，选择文字物件平面，边界选择电钻机身，如下右图所示。

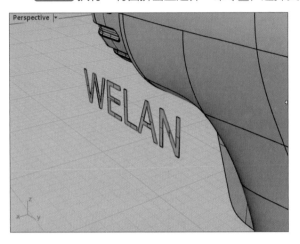 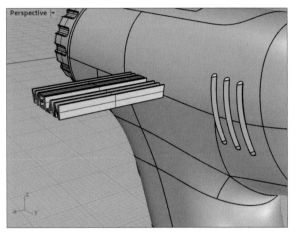

步骤 05 删除不需要的曲面，如下左图所示。

步骤 06 对电钻模型执行倒圆角处理，如下右图所示。

 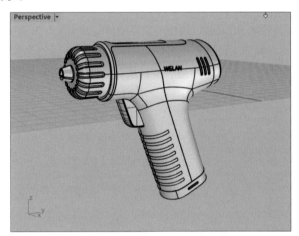

8.2 渲染电钻模型

为了更好地呈现自己的创意方案，模型建好以后在三维软件中可以初步确定产品的尺寸结构、产品的材质，以及更好地处理和展示表面，对此我们就需要运用渲染软件来表现产品的材质、表面处理等工艺，更加真实地将创意展现给我们的客户。

扫码看视频

8.2.1 为模型分层后在KeyShot 11中打开

模型分图层是需要将群组功能打开，才能逐个编辑的。手电钻看上去整体性很强，还是由几个部分组成，我们把需要调整为一个材质的物件调整为一个图层，方便在KeyShot 11中操作。

步骤 01 单击图层面板中图层选项卡，新建7个新图层，如下左图所示。

步骤 02 继续将图层分完，对每个图层的颜色进行重新调整，如下右图所示。

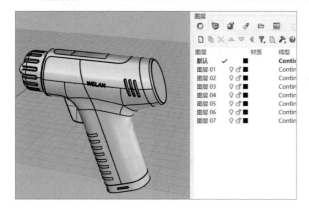
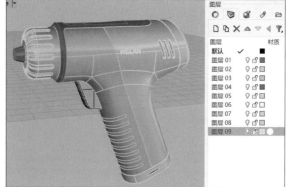

步骤 03 在标准栏KeyShot 11选项卡（需要Rhino已经安装KeyShot 11插件）中单击"发送到Key-Shot 11渲染"命令，KeyShot 11 随之启动，如下左图所示。

步骤 04 模型在KeyShot 11中打开，如下右图所示。

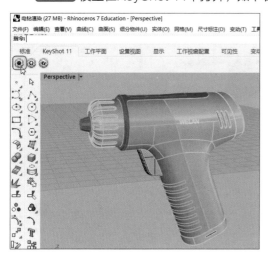
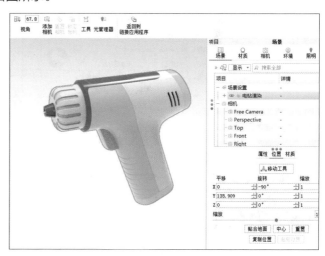

8.2.2 渲染设置

电钻产品的材质种类不多，我们需要在材质库中选择满意的材质，并对其进行逐一贴附，在渲染之前需要对产品渲染视角以及环境贴图进行调整，下面就进行相关介绍。

步骤 01 将左边环境区的环境贴图拖动到操作区，添加HDR环境，如右图所示。

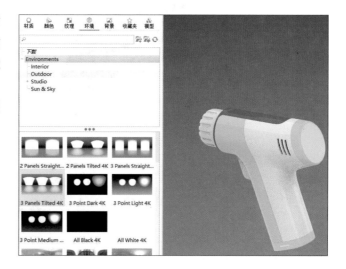

步骤 02 将左边材质区的金属材质拖动到相应的位置，然后单击"凹凸"纹理修改面板，如右图所示。

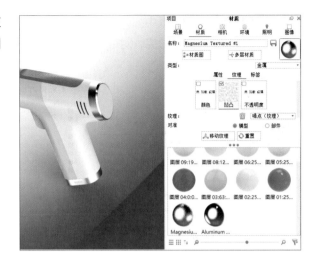

步骤 03 纹理选择"拉丝"，适当拖动"宽度"滑块，观察电钻金属底座的材质效果，选择满意的状态，如下左图所示。

步骤 04 接着对电钻其他材质进行相应的操作，如下右图所示。

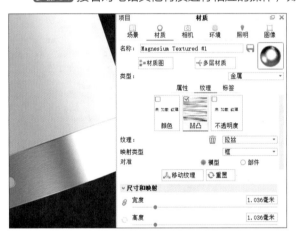
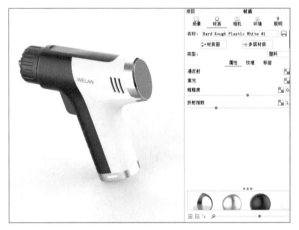

步骤 05 渲染出图，至此电钻渲染完成，效果展示如下图所示。

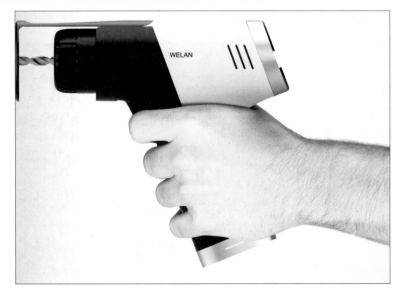

第9章 制作智能手机模型

本章概述

本章将运用Rhino 7中物件的修剪和分割等操作命令，创建一个智能手机模型。通过本章的学习，用户将掌握参数化建模对产品模型的精准度和结构功能验证。

核心知识点

❶ 了解Rhino 7参数化草图的绘制
❷ 熟悉Rhino 7实体命令的应用
❸ 熟悉Rhino 7旋转成形和挤压成形的应用
❹ 熟悉Rhino 7中修剪与分割的操作方法

9.1 创建智能手机模型

通过对产品的分析，手机模型的曲面构成较少，这种情况下我们配合参数化的草图，进行挤压成形，通过修剪、分割实体来创建一个智能手机模型，具体操作如下。

扫码看视频

9.1.1 创建手机整体框架

打开Rhino 7应用程序后，在打开文件选项面板中选择模板文件列表中的"小模型—毫米"选项，进入初始界面。在状态栏中单击"操作轴""平面模式""物件锁点"选项按钮，在"物件锁点"复选框中勾选"端点""点""中心点""四分点"和"顶点"复选框，完成建模前的预设操作。下面将详细讲解创建手机整体框架的操作步骤。

步骤 01 选择顶视图，执行"矩形：中心点、角"命令▣。根据命令行提示，以坐标原点为圆心，创建一个宽58.55 mm、长115.15mm的矩形，如下左图所示。

步骤 02 执行"全部圆角"命令◣，根据命令行提示，选取上一步绘制的矩形，半径值为8.77mm，按回车键，如下右图所示。

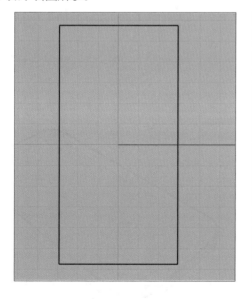
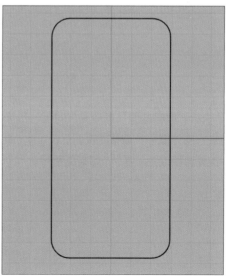

步骤 03 执行"直线挤出"命令 ■ ，选择矩形倒圆角曲线，根据命令行提示，挤出长度值为4.67mm，命令行中两侧选项选择为"是"，"实体"选项选择为"是"，如下左图所示。

步骤 04 使用快捷键"Ctrl+C""Ctrl+V"复制一个矩形体，隐藏其中一个矩形体，如下右图所示。

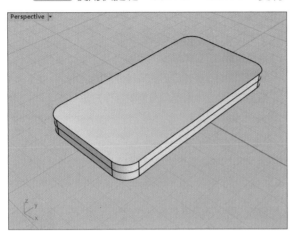
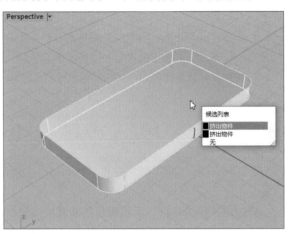

步骤 05 选择前视图，执行"矩形：中心点、角"命令 ▣ ，根据命令行提示，以坐标原点为圆心，创建一个宽6.2mm、长60mm的矩形，如下左图所示。

步骤 06 执行"修剪"命令 ■ ，以上一步绘制的矩形为切割用物件，对矩形体进行修剪，效果如下右图所示。

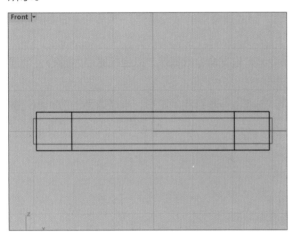
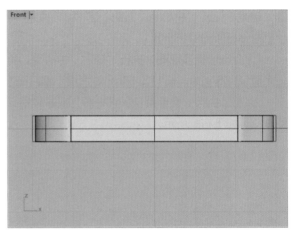

步骤 07 执行"偏移曲面"命令 ■ ，对上一步修剪过的曲面进行向外偏移，偏移距离为0.6mm，命令行选项中实体选项改为"是"，如右图所示。

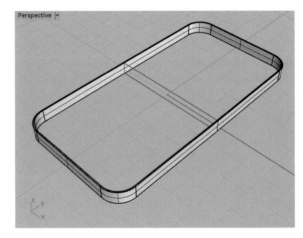

步骤08 选择右视图，运用草图工具，绘制下左图的对称草图。

步骤09 执行"线切割"命令圙，切割下右图的实体，命令行中保留实体选项选择"是"。

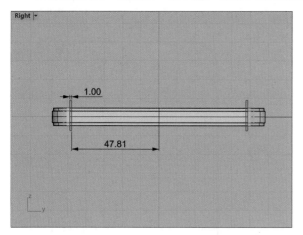

步骤10 手机的主要部分已经创建完毕，如右图所示。

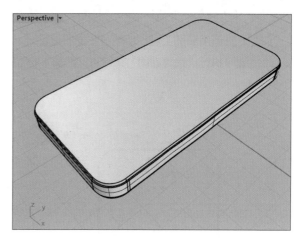

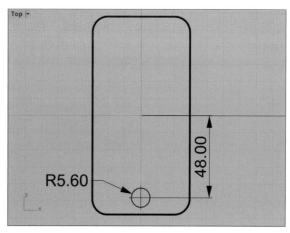

9.1.2 创建手机前面板Home键和听筒

下面我们将运用Rhino的"分割"及"旋转"命令，对手机前面板屏幕、听筒、前置摄像头等部件进行分割，并创建Home键，具体操作如下。

步骤01 选择顶视图，执行"圆：中心点、半径"命令◉，绘制右图的草图。

步骤 02 执行"矩形：中心点、角"命令回，以坐标原点为中心点，绘制下左图的草图。

步骤 03 执行"圆：中心点、半径"命令⊙，绘制下右图的草图。

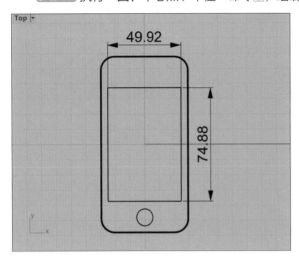
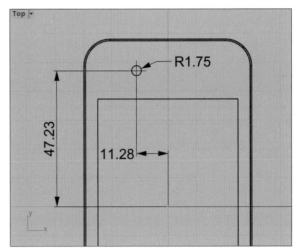

步骤 04 运用草图工具，绘制下左图的草图。

步骤 05 执行"抽离曲面"命令◙，抽离下右图的曲面。

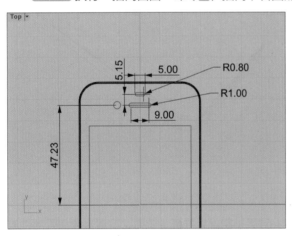
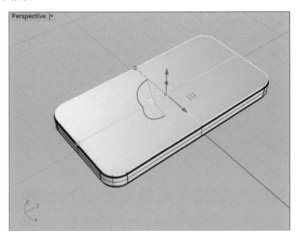

步骤 06 执行"分割"命令⊿，对上一步抽离的曲面进行分割，分割用物件为右图的草图，按回车键确定。

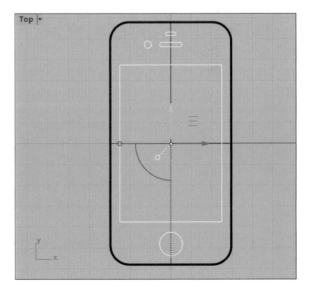

步骤 07 删除不需要的曲面，如下左图所示。

步骤 08 执行"单点"命令，绘制下右图的点物件。

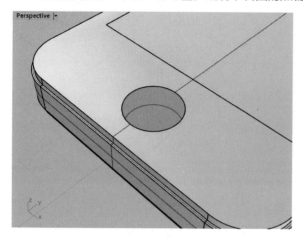 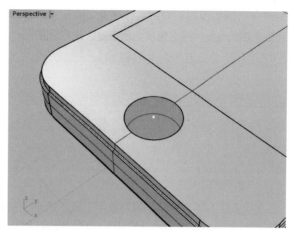

步骤 09 选择右视图，执行"移动"命令，选择上一步绘制的点，沿z轴向下移动0.5mm，如下左图所示。

步骤 10 执行"圆：三点"命令，选择下右图的三点进行绘制圆。

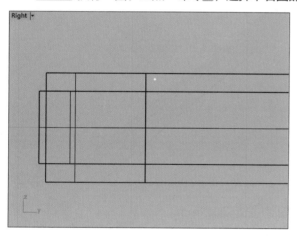 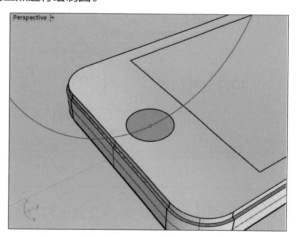

步骤 11 执行"修剪"命令，选择右图的物件，修剪上一步绘制的圆。

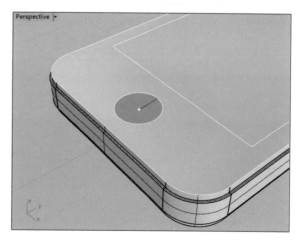

步骤 12 执行"旋转成形"命令，对上一步得到的修剪曲线进行旋转，旋转轴起点为点物件。根据命令行提示按回车键沿工作平面z轴方向，选择起始角度为0度，终点角度为360度，如右图所示。

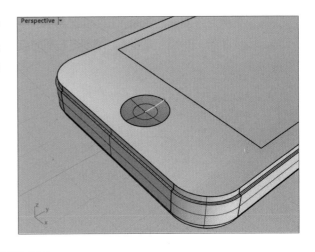

步骤 13 选择顶视图，运用草图工具，绘制下左图的草图。

步骤 14 执行"分割"命令，分割旋转成形的曲面，分割用物件为上一步骤绘制的草图，效果如下右图所示。

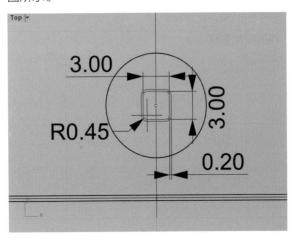
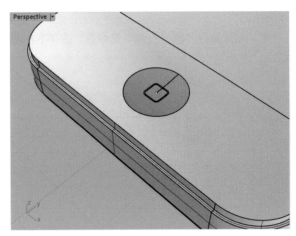

步骤 15 执行"挤出面"命令，挤出下左图的曲面，挤出距离为2mm。

步骤 16 执行"边缘圆角"命令，对下右图的边缘进行倒圆角，半径为0.2mm。

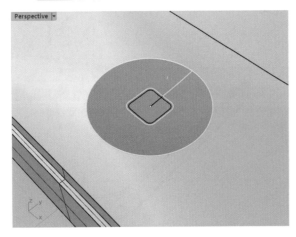
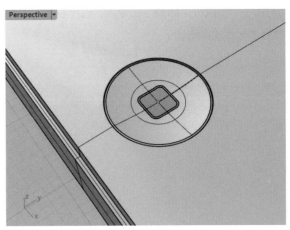

步骤17 执行 "直线挤出" 命令🔲,挤出下左图的曲线边缘,挤出距离为2mm。

步骤18 执行 "组合" 命令🔲,组合下右图的两个曲面。

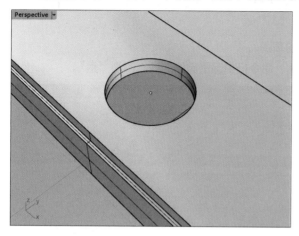 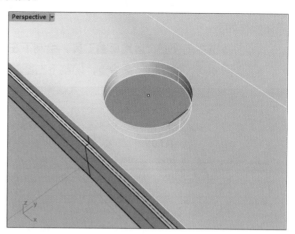

步骤19 执行 "移动" 命令🔲,移动下左图的曲面,向下移动1.1mm。

步骤20 执行 "放样" 命令🔲,放样下右图的两条曲线,得到放样曲面。

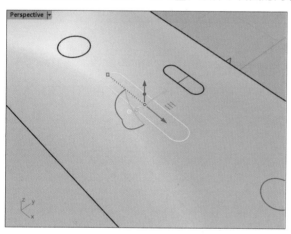 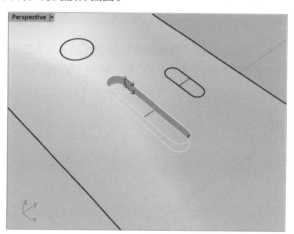

步骤21 执行 "组合" 命令🔲,组合下左图的两个曲面。

步骤22 执行 "边缘斜角" 命令🔲,对边缘进行倒斜角,斜角值为0.5mm,如下右图所示。

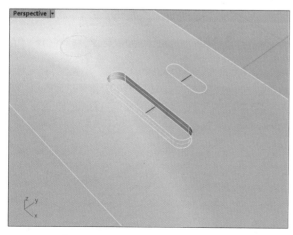 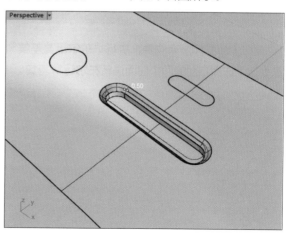

9.1.3　创建手机下端充电孔和扬声器

　　运用Rhino"分割"及"线切割"命令，我们可以对手机下端充电孔、扬声器和下端螺丝进行创建，具体操作如下。

　　步骤01 选择前视图，运用草图工具，绘制下左图的草图。

　　步骤02 执行"线切割"命令 🔘，切割下右图的实体，命令行中保留实体选项修改为"是"。

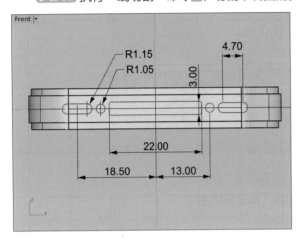
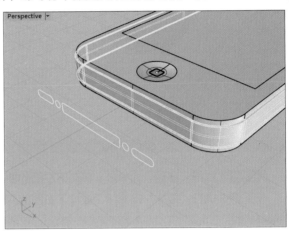

　　步骤03 执行"隔离物件"命令 🔘，隔离下左图的物件。

　　步骤04 执行"挤出面" 🔘，挤出下右图的面，挤出距离为5mm。

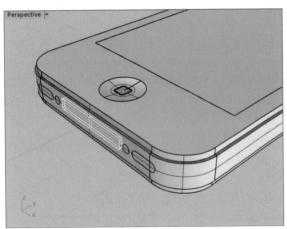

　　步骤05 显示所有物件，执行"布尔运算差集"命令 🔘，选择右图的两个曲面进行布尔运算差集。

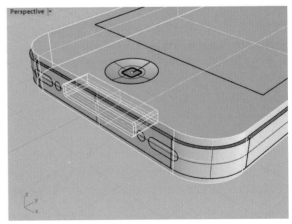

步骤06 执行"移动"命令📑，移动下左图的物件，沿y轴正方向移动0.59mm。

步骤07 选择前视图，执行"多边形：中心点、半径"命令⊙，选择螺丝位置圆心为中心点，根据命令行提示，边数选项设置为5，模式设置为外切，输入半径值为0.65mm，如下右图所示。

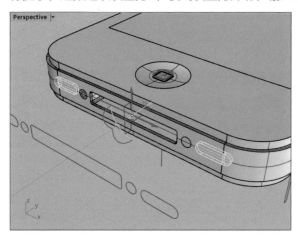 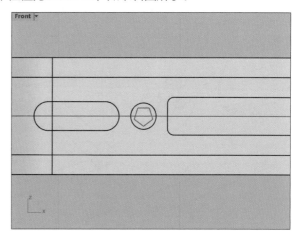

步骤08 执行"多重直线"命令，绘制下左图的草图。

步骤09 执行"修剪"命令，修剪成下右图的效果，修剪后执行"组合"命令，组合曲线。

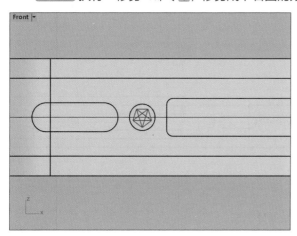 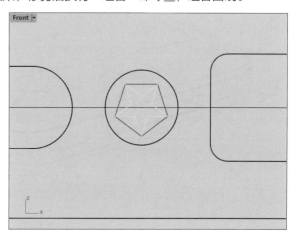

步骤10 执行"曲线圆角"命令，分别对上一步得到的曲线进行倒圆角，如右图所示。

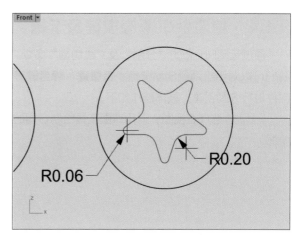

步骤11 执行"直线挤出"命令■，选取上一步得到的曲线，在命令行选项中设置挤出距离值为0.5mm，实体选择为"是"，如下左图所示。

步骤12 执行"布尔运算差集"命令■，选取下右图的两个物件。

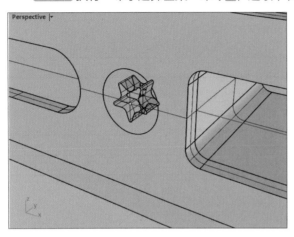 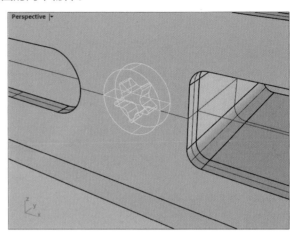

步骤13 删除下左图的实体。

步骤14 选择前视图，执行"镜像"命令■，y轴镜像为下右图的物件。

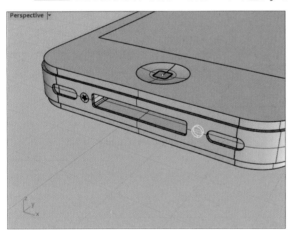 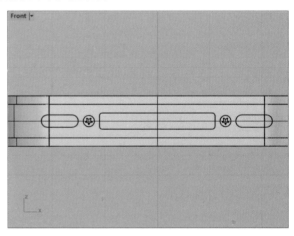

9.1.4　创建手机两侧按键及卡槽

通过运用Rhino的"分割"及"线切割"命令，我们可以对手机两侧SIM卡槽、音量键、静音键等部件进行分割创建，具体操作如下。

步骤01 选择右视图，运用草图工具绘制右图的草图。

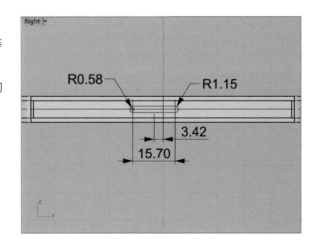

步骤 02 执行"线切割"命令💿，切割下左图的实体，命令行中保留实体选项修改为"是"。

步骤 03 执行"线切割"命令💿，切割下右图的实体，命令行中保留实体选项修改为"否"。

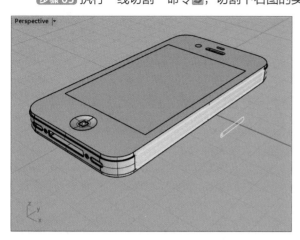
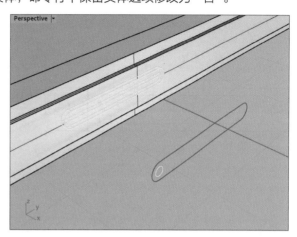

步骤 04 选择右视图，运用草图工具，绘制下左图的草图。

步骤 05 执行"线切割"命令💿，切割下右图的实体，命令行中保留实体选项修改为"是"。

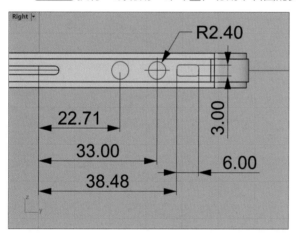
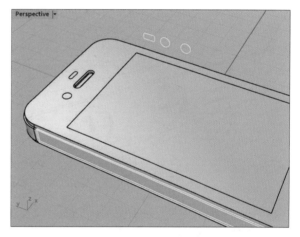

步骤 06 执行"挤出面"命令💿，挤出右图的曲面，挤出距离为0.2m。

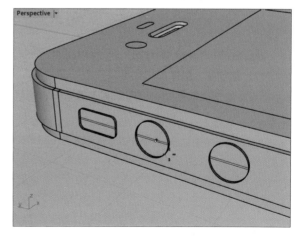

步骤07 选择右视图，运用草图工具，绘制下左图的草图。

步骤08 执行"线切割"命令🔳，切割下右图的实体，命令行中保留实体选项修改为"是"。

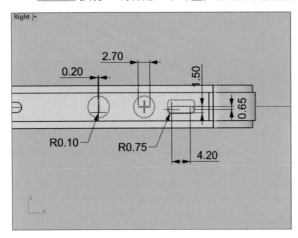

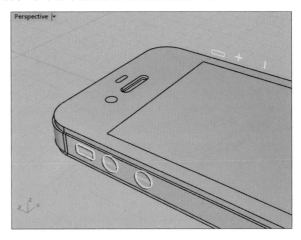

步骤09 执行"挤出面"命令🔲，挤出下左图的曲面，挤出距离为0.5mm。

步骤10 执行"隔离物件"命令🔲，隔离出下右图的物件。

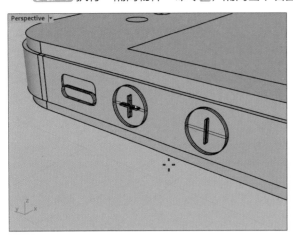

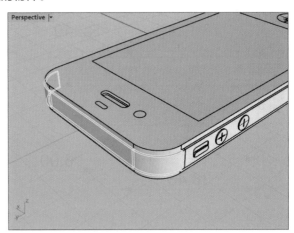

9.1.5 创建手机上端电源键和耳机孔

通过运用Rhino的"分割"及"线切割"命令，我们可以对手机上端电源键、耳机孔、麦克风孔等部件进行分割创建，具体操作如下。

步骤01 选择前视图，运用草图工具绘制右图的草图。

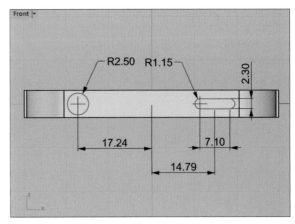

步骤 02 执行"线切割"命令 ，切割下左图的实体，命令行中保留实体选项修改为"是"。

步骤 03 选择前视图，运用草图工具绘制下右图的草图。

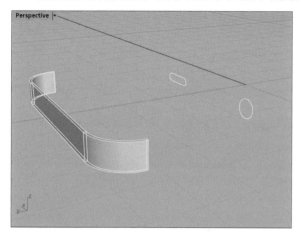
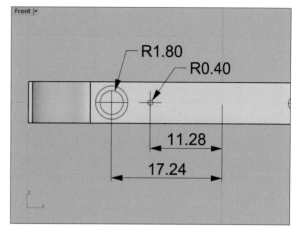

步骤 04 执行"线切割"命令 ，切割出下左图的实体，命令行中保留实体选项修改为"否"。

步骤 05 选择前视图，执行"偏移曲线"命令偏移出下右图的草图，偏移值为0.2mm。

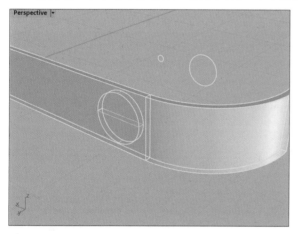
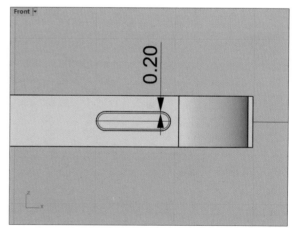

步骤 06 执行"线切割"命令 ，切割出右图的实体，命令行中保留实体选项修改为"是"。

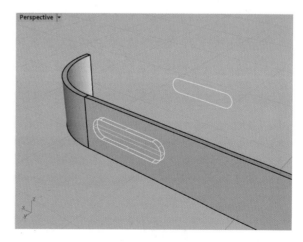

步骤 07 执行"挤出面"命令📷，挤出下左图的电源按钮，挤出距离为0.5mm。

步骤 08 执行"挤出面"命令📷，挤出下右图的曲面，挤出距离为0.2mm。

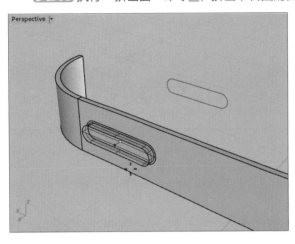
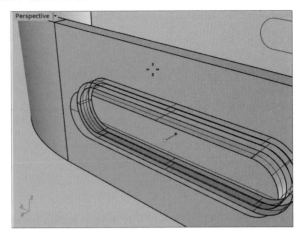

步骤 09 执行"挤出面"命令📷，挤出下左图的曲面，挤出距离为2mm。

步骤 10 执行"直线挤出"命令📷，选择下右图的曲线，挤出距离值为10mm，命令行中实体选项选择为"是"。

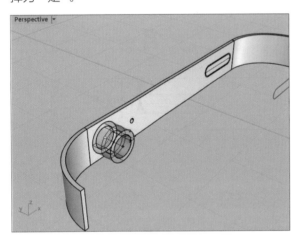
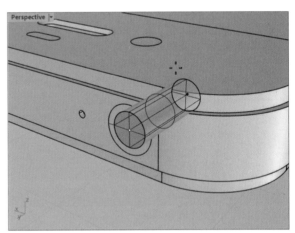

步骤 11 执行"布尔运算差集"命令📷，选择下左图的两个物件并进行运算差集。

步骤 12 布尔运算结果如下右图所示。

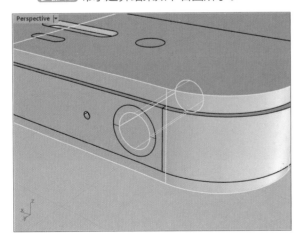
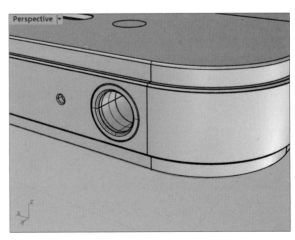

9.1.6 创建手机背面徽标、摄像头和闪光灯

运用Rhino的"分割"命令，我们可以对手机背面徽标、摄像头和闪光灯等部件进行分割和创建，具体操作如下。

步骤01 选择前视图，运用草图工具绘制下左图的草图。

步骤02 执行"分割"命令📐，选择上一步绘制的曲线为切割物件，手机机身为被分割物件，结果如下右图所示。

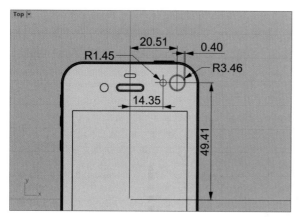

步骤03 选择顶视图，执行"文件>导入"命令，导入"LOGO.dwg"文件，如右图所示。

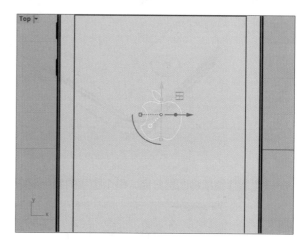

步骤04 执行"分割"命令📐，选择上一步导入的曲线为切割物件，手机机身为被分割物件，如右图所示。

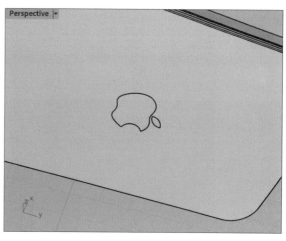

9.2 渲染智能手机模型

为了更好地呈现创意方案，建好模型以后，我们可以在三维软件中展示产品的尺寸、结构、材质以及表面处理效果，这时就需要运用渲染软件来进行表现，以便将设计的产品更加直观地展现给客户预览。

扫码看视频

9.2.1 对模型分层并在KeyShot 11中打开

模型分图层是需要将群组功能打开，才能逐个编辑，如果Rhino文件中的所有模型都在一个图层内，那么在KeyShot 11打开后，这些模型将被看作一个整体。因此，必须先对Rhino中的模型进行分层处理，以便在KeyShot 11中可以按照图层处理各个部件。

步骤 01 执行图形面板中图层选项卡，新建11个新图层，如下图所示。

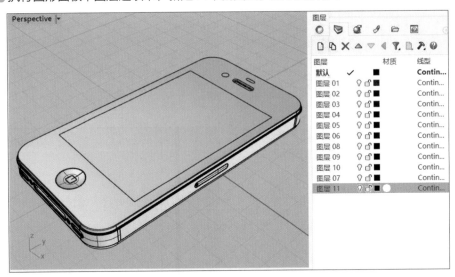

步骤 02 继续将图层分完，每个图层的颜色重新调整，如下图所示。

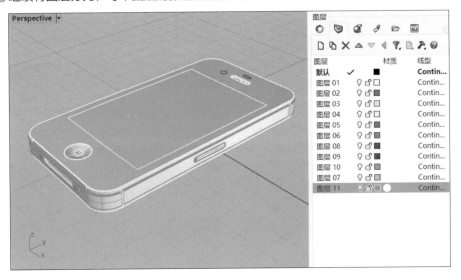

步骤03 在标准栏的KeyShot 11选项卡（在Rhino已经安装KeyShot 11插件）中执行"发送到Key-Shot 11渲染"命令，KeyShot 11 随之启动，如下左图所示。

步骤04 在KeyShot 11中打开手机模型，如下右图所示。

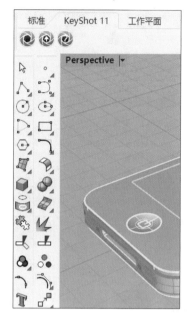
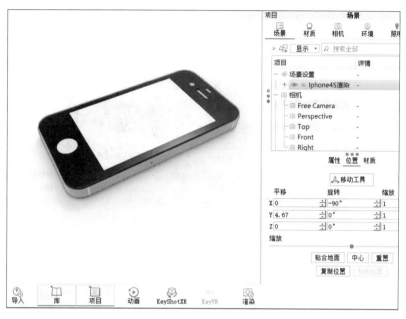

9.2.2 渲染设置

结合智能产品的属性，选择时尚的颜色，富有品质感的材质，炫酷的环境贴图，通过KeyShot 11实时渲染技术，可以更加直观地感受手机的最终效果。

步骤01 将左边环境区的环境贴图拖动到操作区，添加HDR环境，如下图所示。

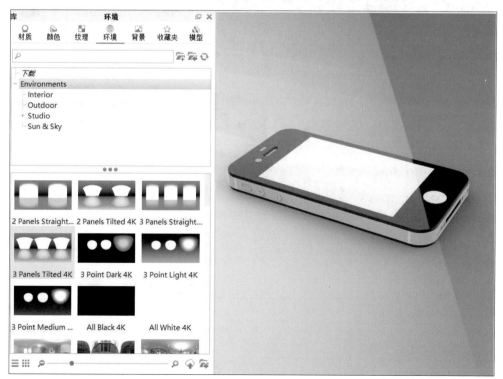

步骤 02 将左边材质区的金属材质拖动到相应的位置，然后打开"凹凸"纹理修改面板，如下图所示。

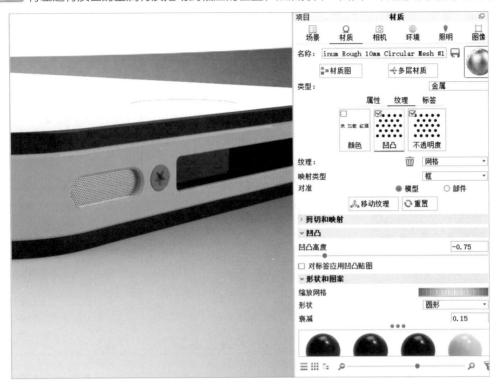

步骤 03 纹理选择"网格"，适当拖动"缩放网格"滑块，得到我们想要的结果，如下图所示。

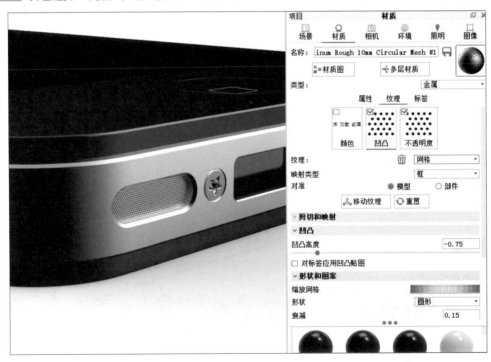

步骤 04 接着对其他材质进行相应的操作，如下图所示。

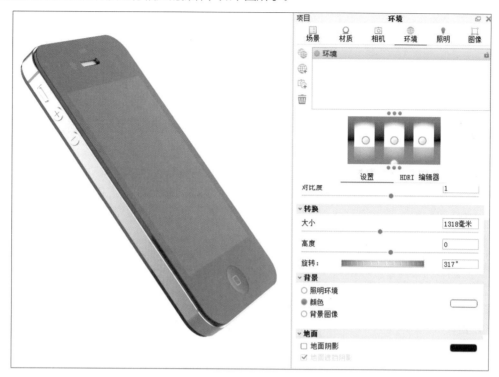

步骤 05 渲染出图，至此模型渲染完成。效果展示如下图所示。

课后练习答案

第1章

一、选择题

（1）A　（2）D　（3）B　（4）A

二、填空题

（1）命令行

（2）高亮

（3）点选对象，框选对象，按类型选择对象

（4）端，交，中心，四分

第2章

一、选择题

（1）A　（2）B　（3）B　（4）B

二、填空题

（1）正切，曲率

（2）从中心点，直径，从焦点，角

（3）可以不同，相同

（4）大

第3章

一、选择题

（1）C　（2）D　（3）B

二、填空题

（1）复合，单一

（2）位置连续，相切连续，曲率连续，G3，G4

（3）共享边缘，未被修剪，对齐

（4）不同

第4章

一、选择题

（1）D　（2）B　（3）C　（4）B

二、填空题

（1）封闭的，开放的

（2）平头，圆头，无

（3）平面

（4）修剪

第5章

一、选择题

（1）B　（2）C　（3）B　（4）B

二、填空题

（1）面积为0，长度为0

（2）三角形，四边形

（3）x方向面，y方向面

（4）炸开，组合

第6章

一、选择题

（1）D　（2）B　（3）A　（4）C

二、填空题

（1）匹配

（2）Crtl+Shift

（3）Crtl+Shift+Alt

（4）周围

第7章

一、选择题

（1）B　（2）C　（3）B　（4）A

二、填空题

（1）菜单栏，功能区，工作视窗，面板工具栏，库面板，项目面板

（2）文件属性

（3）仅显示

（4）色彩，纹理，光滑度，透明度，反射率，折射率，发光度